呼吸防护指南

李建华◎编著

中国石化出版社

内 容 提 要

本书旨帮助普通民众加深对防护用品的了解，从而降低对呼吸系统的危害。本书共分为 7 章，简要介绍了人体呼吸系统和有毒气体，通过 8 起典型的有毒气体事故案例证明了呼吸防护技术和装备对保护人体健康的重要性，并进一步对呼吸防护的分类、技术和设备展开介绍。本书还阐释了常见呼吸防护装备的标准要求。

本指南可供普通民众和需要掌握个人呼吸防护知识的特殊岗位工作人员参考阅读。

图书在版编目（CIP）数据

呼吸防护指南/李建华编著 . —北京：中国
石化出版社，2021.8
ISBN 978 - 7 - 5114 - 6382 - 1

Ⅰ.①呼… Ⅱ.①李… Ⅲ.①呼吸器 –
指南 Ⅳ.①TH789 - 62

中国版本图书馆 CIP 数据核字（2021）第 133780 号

中国石化出版社出版发行

地址：北京市东城区安定门外大街 58 号
邮编：100011   电话：(010)57512500
发行部电话：(010)57512575
http://www.sinopec-press.com
E-mail：press@ sinopec.com
北京中石油彩色印刷有限责任公司印刷
全国各地新华书店经销

*

710×1000 毫米 16 开本 9 印张 139 千字
2021 年 8 月第 1 版   2021 年 8 月第 1 次印刷
定价：48.00 元

前　言

随着我国经济的高速发展，城市化进程加快，化学材料和产品使用量激增，导致城市建筑火灾和危险化学品事故发生的风险显著增加。特别是高层建筑、大型城市综合体建筑以及在化学品生产储运过程中，一旦发生火灾和事故，极易造成大量人员伤亡和环境污染，严重影响社会稳定和国家安全。同时存在病毒疫情和潜在的化学恐怖袭击等现实威胁。上述灾害事故中，毒气、烟气是对人员生命构成严重威胁的重要因素，据统计，在所有火灾致死人员中，约有3/4的人员是因为毒气、烟气的原因而死亡的。因此，呼吸系统防护是个人自身防护的最后一道关卡，对于人体健康至关重要。

此次新型冠状病毒肺炎疫情暴发更加让我们认识到了呼吸防护的重要性，个人防护装备中的呼吸器官防护用具迎来了发展的高潮，口罩一时间成为人民关注的焦点。但是，目前大多数从业人员和普通民众普遍存在相关防护意识不强、防护知识和技能有限的问题，紧急时刻不知道如何防护，缺乏对人体呼吸系统工作和相关防护设备使用的基本了解。因此，迫切需要普及有关呼吸防护知识的基本原理、常识和行业规范，通过具体生动的案例来加深理解，增强广大民众呼吸防护的观念和意识。

根据 GB/T 12903—2008《个体装备防护术语》的规定，个体防护装备是指从业人员为防御物理、化学、生物等外界因素伤害而穿戴配备和使用的劳动防护用品。按照防护部位，个人职业病防护用品分为防护头盔、防护服、呼吸器官防护用具、防护眼镜、面部防护用品、听觉器官防护用品、皮肤防护用品七大类。呼吸器官防护用具作为个体防护装备的一个部分，是保护作业人员呼吸系统免受伤害的防护装备。

口罩或者呼吸防护用品的使用与普通群众的身体健康息息相关。不同的呼吸防护装备针对不同的工作区域岗位，不同防护级别的口罩针对不同的防护对象。从呼吸防护用品诞生以来，呼吸防护用品就有特定的使用场景，比如最初的具有三层防护结构呼吸防护面具就是为消防人员所发明的。这种呼吸防护面罩每两层之间由石灰、木炭和浸泡了甘油的羊毛填充，这种结构和过滤介质能对火场烟气起到良好的过滤作用。随后在一战期间为了防止士兵遭受毒气的袭击研发了具有防毒效果的防毒性呼吸防护面具。截至目前，有许多公司从事呼吸防护装备的研发工作，其中世界知名的企业有美国的国立安全卫生研究所、杜邦公司、3M 公司、SCOTT 公司，法国的巴固公司等。这些公司都在呼吸防护用品的研发上有一定的深度和广度。

为了保证各类呼吸防护用品能满足呼吸防护的需求，规范呼吸防护行业的发展，美国和欧盟根据各自的行业情况制定了比较完备的规范技术要求。改革开放以后，中国的经济得到了巨大的发展。在 2003 年中国加入了 WTO 之后，呼吸防护领域逐渐与国际接轨，并参考欧美的要求和标准制定了中国的呼吸防护标准。

为帮助普通民众加深对呼吸防护用品的了解，本指南针对实际生活中的具体情况和呼吸防护中的知识盲点，从呼吸防护的保护器官、防护对象、典型呼吸防护用品的使用、相关危害事件、防护标准等方面出发，对呼吸防护的重要性、必要性做了介绍。根据实际生活中的防护方法以及呼吸防护用品的使用，提出了建议和帮助，以达到降低日常生活中对呼吸系统的危害的作用。

本指南对一些专业知识只做比较浅显的解释介绍，不能替代专业书籍，如有需要请自行查找相关文献资料及书籍或者咨询相关专业人士。本指南的编写反映了编者在查阅文献之后对相关专业领域的理解，表达了编者对相关问题的理解和看法。同时本指南的编写过程中借鉴了相关书籍、文献、报刊等发表的资料，在此表示感谢。

由于指南内容较多、水平有限，错误在所难免，敬请各位读者批评指正。

目　　录

第1章　人体呼吸系统

呼吸是人类生存的三大要素之一。呼吸系统是人体八大生命系统之一。人体在进行新陈代谢的过程中，经呼吸系统不断地从外界吸入氧气，通过循环系统将氧运送至全身的组织和细胞，同时将细胞产生的二氧化碳再通过呼吸循环系统运送到肺部排出体外。

1.1　呼吸系统的组成

按照呼吸系统的生理结构可以分为呼吸道(包括鼻腔、咽、喉、气管、支气管)和肺(见图1-1)。从功能来看，呼吸道具有加温、润湿和净化空气的功能，其功能的实现是通过调节支气管平滑肌的舒缩来改变呼吸道的口径，进而改变气流阻力。按照气体通过的位置可依次将呼吸道分为鼻腔、咽、喉、气管、支气管五部分。当进行呼吸的时候呼吸道对进入肺部的气体进行过滤，除去进入气流中的杂物，减轻肺部的呼吸负担。肺是进行气体

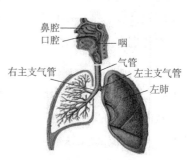

图1-1　呼吸系统示意图

交换的场所，它位于胸腔内，纵隔两侧，左右各一个(称为左肺和右肺)，是最主要的呼吸器官。从解剖结构来看，肺主要由反复分支的支气管及其最小分支末端膨大形成的肺泡共同构成。在正常呼吸时，气体在肺部主要通过支气管在肺泡内部完成气体的交换，最后由循环系统将交换得到的氧气输送到身体的各个细胞。

1.1.1 呼吸道各个部分的结构

根据气体进入呼吸道的先后位置，可以将呼吸道分为上呼吸道和下呼吸道。上呼吸道包括鼻、咽、喉三部分；下呼吸道分为气管、支气管和肺部部分器官。呼吸道的各个部分都有不同的结构，净化进入呼吸道的空气。

鼻作为呼吸道的起始部位同时也是嗅觉器官。按照生理学将鼻分为外鼻、鼻腔、鼻旁窦三部分。外鼻是指突出于面部的部分，骨和软骨为支架，支架外面覆以皮肤，三者共同构成鼻。鼻骨呈左右对称，中线相接，上接额骨，中部成鼻额缝，鼻骨外缘接左右两侧上颌骨额突，后面以鼻骨嵴与筛骨正中板相接，下缘以软组织与鼻外侧软骨相接。鼻腔位于两侧面颅之间的腔隙，以骨性鼻腔和软骨作为鼻腔的基础组成结构，在软骨和骨性鼻腔表面附着黏膜和皮肤，最终构成鼻腔；鼻窦是鼻腔周围，颅骨与面骨内的含气空腔，又称鼻旁窦。这三部分相互配合，为气体提供了进入人体的第一个通道。按照气体流经的位置区分，鼻腔被鼻额缝分隔为左右两腔，前有鼻孔与外界相通，后连通鼻咽部，鼻腔前部为鼻前庭，内部被皮肤覆盖，生有鼻毛，后部为固有鼻腔，黏膜依附其上。

咽是指在口腔、鼻腔之后，食管以上的空腔处，是饮食和呼吸的共同通道，是口腔到食管、喉的必经通道，由肌肉和黏膜构成。食物从嘴进入食管需要通过咽，空气也需要从鼻腔经过咽部进入喉、气管。中耳的咽鼓管最终也会到达咽部。咽上宽下窄，前后略扁，位于鼻腔、口腔及喉的后方，颈部脊柱的前方，长约 12～14cm；咽的上端附着于蝶骨体后部及枕骨基底，呈拱顶状，故也称为咽穹。咽的下端在第 6 颈椎，平面与食管相连。咽的后壁完整，有疏松结缔组织与椎前筋膜将其分隔；咽的前壁不完整，向鼻腔、口腔和喉腔开口，因此咽的前壁分为鼻、口和喉。咽，由内向外分为黏膜、黏膜下组织、肌织膜和外膜。咽的黏膜与咽鼓管、鼻腔、口腔、喉腔黏膜相接触，含有较多的黏液腺，特别是在咽的鼻部。黏膜下组织是纤维膜；咽上部的纤维膜厚(咽颅底筋膜)牢固地连接于枕骨基底，向前附着在翼突内侧板和翼突下颌缝。咽后壁中线，自咽结节向下的纤维膜特别坚韧，形成咽缝，是咽缩肌附着的地方。

喉，又称喉头，位于气管顶端，是由甲状软骨、环状软骨、杓状软骨、会厌软骨组成的室状器官。声带处于喉室的中央，喉室内软骨之间由肌肉前后纵横地相连。肌肉的放松或收缩可以控制声带的松紧，也可以控制声门的开合。

气管是呼吸系统的组成部分，呈管状，上部连接喉头，下部分为左右两支连通肺部。气管由软骨、平滑肌纤维和结缔组织构成。气管软骨呈"C"形，约占气管外围长度的 2/3，缺口朝向后方，数量一般为 14～16 个，各软骨间以环韧带相联结；平滑肌纤维和结缔组织所形成的膜性壁封闭气管软骨后方的缺口，气管内面覆以黏膜。气管由软骨形成支架，能够保证管腔保持开放状态，为气体提供一个进出肺部的通道。

支气管是由气管分出的末端气管，按照肺部的组成分为两部分，即左、右主支气管。左主支气管细而长，平均长 4～5cm，与气管中线的延长线形成 35°～36°的角，坡度较倾斜，经左肺门入左肺；右主支气管粗而短，平均长 2～3cm，与气管中线的延长线形成 22°～25°的角，走向较陡直，经右肺门入右肺，故临床上气管内异物多堕入右主支气管。右支气管是起于气管末端的气管至近肺门的一段呼吸管道，右支气管粗而短，近似垂直位，当异物进入气管时，一般较易进入右支气管。因为右肺分为上、中、下三叶，故右支气管较早分出一枝进入右肺上叶，即动脉上支气管，而后下行又分成两枝，分别进入右肺中、下叶。因为每侧支气管入肺后，均反复分枝，因此又被称为支气管树。支气管最后的小枝称小叶细支气管，穿入独立的肺小叶中，与未入肺的支气管、气管的结构相同。

1.1.2　呼吸道各个部分的功能

呼吸道是空气进入人体肺部的通道，对进入肺部的气体起到了过滤作用。呼吸道的过滤功能主要是通过呼吸道整个内表面分布的分泌液和纤毛来实现的。这些内表面的结构不仅仅起到过滤气体作用，还可以将进入肺部的气体进行温暖、冷却、湿润。正是由于呼吸道对气体的处理，才保证了在进行呼吸时进入肺部气体能够保持洁净和湿润，保证了气体可以在肺部肺泡内较为顺利地交换。

外部的空气首先进入鼻腔，鼻腔前部的鼻毛对一些直径比较大的颗粒物进行阻挡，比如冬季的大颗粒灰尘、春季的飞絮等物质；鼻腔后部和下呼吸道的黏膜和纤毛将气体变得湿润，使空气中的气体得到初步的过滤，使气体中的颗粒物附着在呼吸道黏膜和纤毛，还将附着在灰尘上的病原体沉降。随后这些密集的纤毛不断抖动，将吸附在纤毛和内壁上的附着物抖动排出呼吸道，最后通过咳痰排出体外。通过纤毛过滤的气体，通过呼吸道进入肺部，在肺泡内部进行气体的交换。

1.1.3 肺结构

肺作为空气进入人体的最后的一道屏障，在呼吸系统起着非同一般的作用。按照医学上的分类，肺是以支气管反复分支形成的支气管树为支撑架构。肺中的支气管分支形成细支气管，细支气管继续延伸分支形成微支气管，微支气管再经多次分支形成终末支气管，终末支气管末端膨大形成大量囊泡状结构，解剖学称之为肺泡。人体的双肺约有 4 亿个左右肺泡，是气体交换的主要场所，是肺进行呼吸的基本功能单位。人体呼吸时吸入肺中的氧气经肺泡向循环系统弥散。从解剖结构上区分，氧气依次通过肺泡液膜、肺泡单层上皮细胞、肺泡上皮细胞外间质、微血管内皮细胞，进入循环系统完成气体的交换。肺泡细胞有Ⅰ型细胞与Ⅱ型细胞之分，Ⅰ型细胞又称为小肺泡细胞，直径约 $0.1\mu m$，不具有增殖功能，其基底部融合成基底膜；Ⅱ型细胞又称为大肺泡细胞，具有分泌功能，生成肺泡表面活性物(主要为二棕榈酰卵磷脂)，可降低肺泡表面张力。血液中单核细胞发挥免疫功能。而单核细胞中吞噬较多尘粒被称为尘细胞；而心衰细胞则是心力衰竭患者肺内出现的吞噬了血红蛋白分解的含铁血黄素的巨噬细胞。肺泡外为肺微血管内皮细胞形成的肺毛细血管网保证了肺泡与肺毛细血管网紧密连接，利于气体的快速弥散；肺泡表面液体成分、Ⅰ型细胞基膜、肺泡外间质、微血管内皮细胞共同构成气血屏障。

1.1.4 肺的功能

肺的主要功能是进行气体交换，通过呼吸作用，将外界的空气吸入，然后通过气血交换进入静脉血，排除静脉血中的二氧化碳，其中气体的交换场所是肺部的肺泡内。另外除气体交换外，肺还拥有其他的功能，如参与代谢、过滤有害物质等。肺还是人体内较大的储血器官。当人体的呼吸道黏膜受到刺激时，会刺激位于咽喉部、气管和支气管黏膜的咳嗽反射器，从而引发咳嗽。这样可以将呼吸道内的异物或者是痰液，以及其他的分泌物排出体外，从而起到保护的作用。

顾名思义，呼吸系统首要功能就是呼吸功能，其次就是防御功能、代谢功能、内分泌功能。这四种功能相互作用保证了身体内部各个部分对气体的需求，保证了身体的健康。

1.2 呼吸功能

呼吸就像心跳一样，是生命的重要指标之一。呼吸系统完成肺通气和肺换气功能。肺通气是肺与外界环境之间的气体交换过程，肺换气是肺泡与肺毛细血管之间的气体交换过程。呼吸生理十分复杂，包括通气、换气、呼吸动力、血液运输和呼吸调节等过程。

呼吸系统是一个气体交换场所，据统计成人每天进入呼吸系统的空气容量高达 10000L。这些气体进入呼吸系统，经过上呼吸道和下呼吸道，最终在肺泡内完成气体的交换。为了完成呼吸功能呼吸系统的各个器官相互配合，依次负责加温、加湿、清洁空气。其中呼吸系统中最重要的器官——肺在呼吸中不仅仅为呼吸提供场所，而且还通过肺部的肌肉运动，为空气进出呼吸道提供动力，保证了气体的进入和排出。呼吸系统完成呼吸作用主要是通过呼吸系统的软骨和骨头支起的呼吸道，进入肺部。其中的软骨保证了呼吸道的稳定，使气流可以稳定地流入肺部。气体进入肺部，呼吸道内部的纤毛与黏液将通过的气体进行湿润和过滤，保持空气清洁；黏液将颗粒物上的细菌病原体灭活，通过纤抖动将形成的痰排出体外。当空气进入了支气管树到达了支气管末端的肺泡时，通过肺泡和红细胞与二氧化碳交换。完成呼吸功能。

1.2.1 防御功能

呼吸系统的防御功能通过物理机制（包括鼻部加温过滤、咳嗽、喷嚏、支气管收缩、纤毛运动等）、化学机制（如溶菌酶、乳铁蛋白、蛋白酶抑制剂、抗氧自由基的谷胱甘肽和超氧化物歧化酶等）、细胞吞噬（如肺泡巨噬细胞及多形核粒细胞等）和免疫机制等而得以实现。

由于呼吸系统每天进入的气体容量十分巨大，而空气中存在大量的颗粒物、致病微生物等，因此为了应对这种情况呼吸系统形成一套完整的防御系统保证呼吸系统的正常运行。呼吸系统的防御系统可以大致分为对有害气体的防御、对颗粒物的呼吸防御、肺泡的清除作用、对微生物的防御作用、对细菌内部毒素的识别和清除、肺泡巨噬细胞的作用、PMN 作用、肺泡Ⅱ型上皮细胞的作用这八大部分。呼吸系统通过这八大部分的防御功能，对外部气体进行过滤净化，将气体中的污染物过滤清除。但呼吸系统的防御能力有限，只能在一定范围内保证气体的洁净。比如对有毒有害气体的防御只能在短时间和低浓度的情况下保证有毒气体对人类无害，如果长时间暴露在有毒有害的环境下，依旧会造成呼吸系统的损伤。剩下的几大部分防御功能的防御机制都大致类似，不能长时间在高危区域进行防御。这八大部分的防御将吸入的气体进行过滤，排出杂物，保证呼吸作用的正常进行。

1.2.2　代谢功能

由于肺内存在大量的生理活性物质、脂质、蛋白质、结缔组织及活性氧等物质，因此肺部需要代谢功能将代谢产物排出体外。呼吸道是人体暴露于有毒外源化学物的主要途径之一，因此需要呼吸道的相关细胞进行新陈代谢产生大量的生理活性物质、黏液等进行吸附有毒有害物质。肺组织存在多种生物酶类如细胞色素 P450、前列腺素 H 合酶、脂氧合酶和谷胱甘肽 - S - 转移酶等，可对吸入的化学物进行代谢活化或解毒，产生相应的生物学效应，引起机体的结构和功能改变，产生毒性作用。肺作为呼吸系统一个重要的器官，它不仅仅作为一个呼吸器官存在，它还具有重要的非呼吸功能。肺作为全身血液的过滤器，为全身提供氧气保证细胞内部的呼吸作用，还为流经肺部的血液中的活性物质提供一个灭活、激活、储存和释放的功能。根据对进入肺部的物质进行标记发现各种气体和气溶胶以吸入的方式进入肺部，其他途径进入血液的外源化学物也可经肺毛细血管网到达肺部，而这些物质在肺部，与支气管、细支气管和肺泡壁内存在的生物酶类物质，共同作用产生一系列的代谢产物。但是根据医学研究发现这些代谢的过程会对肺部产生一些难以避免的伤害会使肺部发生癌变。

1.2.3　分泌功能

肺组织内存在一种具有神经内分泌功能的细胞，这类细胞被称为神经内分泌细胞或 K 细胞。这种具有神经内分泌功能的细胞与肠道的嗜银细胞相似。

呼吸道内部存在的大量黏液，一方面起到湿润气体的作用，另一方面起到消菌杀毒和沉降空气中颗粒物的作用。呼吸道分泌物来自黏膜下的黏液腺、浆液腺、气管和较大支气管的杯状细胞和细支气管的 Clara 细胞。据统计正常人呼吸道每天可产生黏液 100mL；支气管黏液层厚度约为 0.5μm，分为 2 层：外层较黏呈凝胶样，在纤毛顶部形成薄层，便于吸附外来颗粒；下层为水样层，较稀薄，便于纤毛自由运动。这些分泌物的 95% 为水分，含有黏蛋白、黏多糖、磷脂和无机物等。按照分泌物所处的位置，分泌物承担的功能也不同，比如肺泡上皮细的一层很薄的分泌物使进入肺泡的颗粒漂浮在它的上面，避免附于肺泡上；表层的肺泡液则慢流入细支气管，沉落物由此被带入呼吸道，再由黏液纤毛抖动排出体外，清除异物。

参考文献

[1] 潘飞飞. 呼吸防护保障生命通道[J]. 中国个体防护装备，2015，(02)：55 - 56.

[2] Holzki J, Brown K A, Carroll R G, et al. The anatomy of the pediatric airway: Has our knowledge changed in 120 years? Are view of historic and recent investigations of the anatomy of the pediatric larynx[J]. Paediatr Anaesth, 2018, 28(1): 13 - 22.

[3] Fahy J V, Dickey B F. Airway mucus function and dysfunction[J]. New England Journal of Medicine, 2010, 363(23): 2233 - 2247.

[4] Richardson M. The physiology of mucus and sputum production in the respiratory system[J]. Nursing Times, 2003, 99(23): 63 - 64.

[5] Restrepo R D. In healed adrenergic sand anticholiner gics in obstructive lung disease: do they enhance. mucociliary clearance[J]. Respire Care, 2007, 52(9): 1159 - 1175.

[6] Livraghi A, Randell S H. Cystic fibrosis and other respiratory diseases of impaired mucus clearance[J]. Toxicologic Pathology, 2007, 35(1): 116 - 129.

[7] Kopf M, Schneider C, Nobs S P. The development and function of lung-resident macro phages and dendritic cells[J]. Nat Immunol, 2015, 16(1): 36 - 44.

[8] 董宗祈. 呼吸系统的防御功能及其保护措施[J]. 实用儿科临床杂志，2004，(02)：158 - 160.

[9]来薛. 固本止咳中药对 COPD 呼吸道黏膜免疫保护作用机制的研究[D]. 北京中医药大学, 2013.

[10]刘长庭, 黄念秋, 田嘉禾. 肺代谢研究与肺部疾病[J]. 中国人民解放军军医进修学院学报, 1991, (02): 152-155.

[11]邓利红, 胡建安. 有毒外源化学物在肺部的代谢及其毒性作用研究进展[J]. 中国药理学与毒理学杂志, 2018, 32(5): 415-426.

[12]易建华, 吴晓芳, 王丽云, 等. $PM_{2.5}$对呼吸系统疾病的影响及其机制的研究进展[J]. 西安交通大学学报(医学版), 2019, 40(01): 167-172.

[13]Guth A M, Janssen W J, Bosio C M. Lung environment determine suniquepheno type of alveo larmacro phages[J]. Am J Physiol Lung Cell Mol Physiol, 2009, 296(6): 936-946.

[14]俞善昌. 呼吸系统的非呼吸功能[J]. 实用儿科杂志, 1991, (01): 12.

第 2 章　有毒气体

2.1　有毒气体

常温常压下呈气态或极易挥发的有毒化学物主要包括氨、臭氧、二氧化氮、二氧化硫、一氧化碳、二氧化碳、硫化氢及光化学烟雾等。这些有毒化学物质主要来源于工业污染、煤和石油的燃烧及生物材料的腐败分解，而且这些有毒物质对呼吸道具有刺激作用，人体吸入后会导致中毒。氨、臭氧、二氧化氮、二氧化硫、一氧化碳、二氧化碳、硫化氢及光化学烟雾、氮氧化物等大气污染物在日光作用下经光化学反应所形成的浅蓝色烟雾，会造成严重的污染。

2.1.1　有毒气体的分类标准

有毒气体按分类标准不同，划分为不同的类别。有毒气体按照对人体的危害可以分为有神经性麻痹毒气、呼吸系统麻痹毒气、肌肉麻痹毒气三大类；按照对人体的伤害原理可以分为刺激性气体和窒息性气体。

2.1.2　有毒气体的分类

从医学角度看，窒息性气体是指能造成机体缺氧的有毒气体。其中窒息性气体可分为单纯窒息性气体、血液窒息性气体和细胞窒息性气体，如氮气、甲烷、乙烷、乙烯、一氧化碳、硝基；刺激性气体是指对眼和呼吸道黏膜有刺激作用的气体，它是化学工业常遇到的有毒气体；刺激性气体的种类甚多，最常见的有氯、氨、氮氧化物、光气、氟化氢、二氧化硫、三氧化硫和硫酸二甲酯等。

2.1.3 生活中常见的有毒气体

在生活中对人类身体有伤害的有毒气体有很多，其中常见的有毒气体有一氧化碳、二氧化硫、氯气、光气、双光气、氰化氢、芥子气、路易斯毒气、维克斯毒气(VX)、沙林(甲氟磷异丙酯)、毕兹毒气(BZ)、塔崩(Tabun)、梭曼(Soman)等。但是其中氰化氢、芥子气、路易斯毒气、维克斯毒气(VX)、沙林(甲氟磷异丙酯)、毕兹毒气(BZ)、塔崩(Tabun)、梭曼(Soman)这类毒气的毒性较大，一旦泄漏会造成人员伤亡和巨大的社会效应，所以对这类气体管控较严，普通民众没有机会直接接触这类毒气。而一氧化碳、二氧化硫、氯气、光气、双光气这些有毒气体在日常的生产生活活动中都可能接触，因此这类有毒气体才是更值得关注的。

2.1.4 常见的有毒气体感染症状和机理

2.1.4.1 氯气

氯气是一种黄绿色、具有强烈刺激性味的气体，并有窒息臭味，许多工业和农药生产上都离不开氯。氯对人体的危害主要表现在对上呼吸道黏膜的强烈刺激，可引起呼吸道烧伤、急性肺水肿等，从而引发肺和心脏功能急性衰竭。急性中毒主要为呼吸系统损害；发病及病情变化较迅速，通常无潜伏期。其损伤部位、性质及程度随吸入氯气量而异。吸入少量低浓度氯气时，可能出现上呼吸道黏膜刺激症状，病状在数小时内自行缓解。在吸入较低浓度氯气时，以眼黏膜刺激及急性气管炎、支气管炎或支气管周围炎为主要表现，病程为 1 ~ 2d。吸入较高浓度氯气时，一般出现下呼吸道、肺间质改变为主的症状，可发生急性化学性支气管肺炎、局限性肺泡性肺水肿、间质性肺水肿，甚至呈哮喘样发作。肺部听诊，干湿性啰音或大量哮鸣音，病程为 1 ~ 5d；吸入高浓度氯气时，一般以肺泡病变为主要表现，可在 1 ~ 2h 内出现肺水肿，少数可在 12h 内发生。患者表现为进行性呼吸频数、呼吸困难、唇发绀、心动过速、咳白色或粉红色或血性泡沫痰、顽固性低氧血症等，甚至可能出现昏迷，出现脑水肿或中毒性休克。肺部听诊，干湿性啰音及哮鸣音，病程为 1 ~ 2 周；吸入极高浓度氯气时，呼吸道黏膜内末梢受到氯气刺激，导致局部支气管平滑肌反射性挛缩，而通气障碍增加，出现呼吸窘迫症状，甚至出现喉痉挛窒息死亡，有时还可引起迷走神经反射性心跳骤停，而发生电击式死亡。有报道称，支气管黏膜坏死脱落可造成窒息死亡。液氯或高浓度氯气可引起皮肤暴露部位急性皮炎或灼伤；当浓度高时，可造成角膜损伤。不同浓度的氯气对裸露在外部的鼻子与眼睛的伤害不同，并会导致症状复发。空气中不同浓度氯气的危害见表 2-1。氯气对鼻子和眼睛的危害及症状阳性率见表 2-2。少数病例表现为反应性气道功能不全综合征（RADS）。2018 年12 月 25 日 15 时许，山东省夏津县人民医院接诊一名憋喘、呼吸困难患者，经询问病史，患者在清洁厕所时使用洁厕灵与 84 消毒液后出现上述症状，夏津县医院诊断为氯气中毒，给予吸氧等对症治疗后，患者病情得到缓解后出院。洁厕灵主要成分是盐酸，84 消毒液主要成分是次氯酸钠，当二者混合使用时，会产生氯气，如果浓度过大即可造成中毒。

表 2-1　空气中不同浓度氯气的危害

空气中氯气浓度/（mg/m³）	危害
低浓度	长期吸入造成慢性中毒
1~6	对人引起显著刺激
>12	无呼吸防护装备，难以忍受
40~60	1h 内致人严重中毒
120~170	引起急性肺水肿及肺炎
>3000	立即麻痹呼吸中枢、出现"闪击性死亡"

表 2-2　氯气对鼻子和眼睛的损伤

损伤部位	损伤情况	症状阳性率/%
鼻腔	下鼻腺肿大	25.18
	鼻黏膜干燥	10.23
	鼻黏膜苍白	30.13
	鼻黏膜充血	8.26
	鼻中隔糜烂	3.21
	鼻中隔溃烂	1.75
	嗅觉减退	40.25

续表

损伤部位	损伤情况	症状阳性率/%
眼睛	眼结膜充血	81.4
	角膜上皮细胞脱落	23.06
	眼睛红肿	6.25

2.1.4.2 硫化氢

硫化氢虽然无色，但是有类似臭鸡蛋的气味。当硫化氢经过呼吸道进入身体时，主要影响细胞氧化过程，造成组织缺氧；当大量硫化氢从肺泡进入血液循环及组织细胞中，硫化氢与氧化型细胞色素氧化酶的三价铁结合，影响细胞氧化过程，造成组织缺氧。首先影响对缺氧最敏感的神经系统。当硫化氢与黏膜上的水分接触后硫化氢很快溶解，与钠离子结合形成硫化钠，对眼和呼吸道黏膜产生强烈的刺激作用，引起眼炎甚至肺水肿。急性中毒时，局部刺激症状为流泪、眼部烧灼疼痛、怕光、结膜充血；剧烈的咳嗽，胸部胀闷，恶心呕吐，头晕、头痛，随着中毒加重，会逐渐出现呼吸困难、心慌、颜面青紫、高度兴奋、狂躁不安，甚至引起抽风、意识模糊，最后陷入昏迷、人事不省、全身青紫。如果暴露在 $980 \sim 1260 mg/m^3$ 的浓度下只需 15min，患者就会陷入昏迷，随之呼吸麻痹，造成死亡。有研究显示，硫化氢会造成人体呼吸系统、神经系统损伤，临床症状表现为流涕、咽干、咽痛(痒)、胸痛或胸闷、剧烈咳嗽、咳痰、呼吸加深加快、呼吸困难，部分患者有明显的窒息感，体检可发现双肺湿啰音，甚至出现肺水肿、喉头痉挛或呼吸麻痹等。硫化氢对人体的危害与其他有毒气体对人体的危害略有不同，主要表现在不同浓度对人体的影响不同。低浓度硫化氢对人体的危害主要为眼、呼吸道局部刺激作用，较高浓度硫化氢则造成人体神经系统损伤、窒息等。硫化氢作为一种酸性物质，可对人体眼部、呼吸道黏膜形成刺激和腐蚀作用，亦可与黏膜表面的钠离子生成硫化钠，造成眼部结膜炎、角膜溃疡等症状，也可造成化学性支气管炎、中毒性肺炎、甚至出现肺水肿等。资料显示，人体暴露在硫化氢浓度 $760mg/m^3$ 的环境中 10min 即可出现致命性损伤；暴露于 $1000mg/m^3$ 时数秒钟即可出现中毒，并快速进展为呼吸麻痹，甚至死亡。人体对硫化氢的嗅觉阈值为 $0.012 \sim 0.03mg/m^3$，嗅觉随浓度上升而明显；但当环境浓

度 > 10mg/m³ 时，因嗅觉疲劳原因，嗅觉反而会下降。因而，环境中出现高浓度硫化氢时，人体嗅觉会出现疲劳，无法及时、准确地发现判断风险。硫化氢对人体的危害情况见表 2 - 3。

表 2 - 3　不同浓度硫化氢对人体的影响

临界浓度/(mg/m³)	接触时间	症状反应
1400	立即	昏迷并呼吸麻痹死亡，需要立即施救(电击样死亡)
1000	数秒钟	很快引起急性中毒，出现明显的全身症状，呼吸加快，出现呼吸麻痹死亡
760	15 ~ 60min	发生肺水肿、支气管炎、肺炎。长时间可引起头昏、头痛、兴奋、步态不稳、恶心、呕吐、鼻喉发干及疼痛咳嗽、排尿困难
300	1h	急性眼刺激症状，长期接触可引起肺水肿
70 ~ 150	2 ~ 5min	出现眼及呼吸道刺激症状，长期接触可引起慢性结膜炎
30 ~ 40	1 ~ 2h	嗅觉疲劳
4 ~ 7		中等强度难闻
0.4		明显嗅出
0.035		嗅觉阈值

资料显示，日常生活中硫化氢中毒的发病率仅次于一氧化碳中毒，多年来居高不下。2003 年 4 月 7 日午后，新疆维吾尔自治区乌鲁木齐市市政管理处的 4 名施工人员，在进行窨井井下疏通作业时，因没有佩戴防毒面具而发生硫化氢中毒，经过救治，仍造成 3 人死亡、1 人重伤的惨痛后果。

2.1.4.3　一氧化碳

一氧化碳(Carbon Monoxide)，一种碳氧化合物，化学式为 CO，相对分子质量为 28.0101，通常状况下为是无色、无臭、无味的气体。物理性质上，一氧化碳的熔点为 - 205℃，沸点为 - 191.5℃，难溶于水(20℃时在水中的溶解度为 0.002838g/100g 水)，不易液化和固化。化学性质上，一氧化碳既有还原性，又有氧化性，能发生氧化反应(燃烧反应)、歧化反应等；同时，还具有毒性。当一氧化碳的较高浓度时，能使人出现不同程度中毒症状，危害人体的脑、心、肝、肾、肺及其他组织，甚至电击样死亡，人吸入最低致死浓度为 5000ppm (5min)。工业上，一氧化碳可由焦炭氧气法等方法制得，主要用于生产甲醇和光气以及有机合成等。一氧化碳中毒是因为含碳物质燃烧不完全时的产物,一氧化碳从呼吸道进入人体引起中毒。一氧化碳中毒的机理是一氧化碳、氧气竞争性与血红蛋白结合,造成血氧浓度下降。资料表明,一氧化碳与血红蛋白的亲和力是氧气与血红蛋白亲和力的 200～300 倍。当一氧化碳与血红蛋白结合后形成碳氧血红蛋白,使血红蛋白丧失携氧的能力和作用,造成组织窒息。因此对全身的组织细胞均有毒性作用,尤其对大脑皮质层的影响最为严重。一氧化碳中毒的严重程度与碳氧血红蛋白(HbCO)比例呈正相关。当 HbCO 饱和度为 10%～20%时,轻症中毒者临床表现为头痛、眩晕、乏力、眩晕、劳力性呼吸困难;当 HbCO 饱和度达 30%～40%时,中毒程度明显加重,患者口唇呈樱桃红色,同时伴有意识模糊、昏迷、恶心、呕吐、休克等症状;当 HbCO 饱和度大于 50%时,患者临床症状持续性加重,表现为深度昏迷、高热、肌紧张、阵发性或强制性肌痉挛等症状,多数患者出现心肌损伤、心律失常、肺水肿、呼吸抑制、脑水肿甚至出现死亡。部分一氧化碳中毒患者出现自主神经营养障碍,表现为胸部或四肢皮肤出现红肿、水疱等;急性一氧化碳中毒患者常于昏迷后短暂苏醒,出现 2～30d 的假愈期,之后再度陷入昏迷,临床中称之为一氧化碳中毒迟发脑病,可出现震颤、麻痹、痴呆、木僵、感觉运动障碍等神经系统迟发功能障碍。资料显示,长期暴露于低浓度一氧化碳环境中可出现眩晕、头痛、记忆力下降、注意力难以集中、心悸、失眠等临床症状。

2019 年 6 月 20 日,在广东省珠海市内的一家火锅店里,有 8 名市民因吃火锅而晕倒,后经医院诊断,结果为一氧化碳中毒,所幸 8 人症状较轻,均康复出院。后珠海市疾控部门调查,就餐的 8 人吃火锅开空调,为避免冷气外流,全程门窗紧闭,现场风扇也没有打开,由于进餐时间较久,导致房间内氧气浓度不足,造成一氧化碳、二氧化碳浓度均超标,最终导致一氧化碳中毒事件。

2.1.4.4　二氧化硫

二氧化硫(SO_2)为无色透明气体,有刺激性臭味,溶于水,液态二氧化硫比较稳定,不活泼。气态二氧化硫加热到 2000℃不分解,不燃烧,与空气混合不组成爆炸性混合物。二氧化硫广泛用于工业,是硫矿、造纸业、矿物燃烧的副产品,也是大气中常见的污染物。凡是接触较高浓度的二氧化硫均可致病,除直接刺激眼与上气道外，在呼吸道与水接触生成硫酸和亚硫酸引起呼吸道黏膜损伤，进而导致一系列临床症状。人体接触二氧化硫后可表现为双相反应：即刻反应包括对眼、鼻、喉的刺激和灼伤，如结膜炎、角膜炎、咽炎，表现为打喷嚏、流泪、视物模糊，并有胸部紧束感、呼吸困难和刺激性咳嗽，肺部可有啰音；接触高浓度的二氧化硫在数小时内可引起急性肺水肿和死亡。急性期存活的部分病人于中毒后 2~3 周可表现为弥漫性肺浸润，或持续性气道梗阻而发生的呼吸衰竭。大气环境中，二氧化硫可氧化形成硫酸盐气溶胶或硫酸雾，形成酸雨，是造成大气环境酸化的重要物质。二氧化硫对人体的影响与浓度相关，当环境中二氧化硫浓度 >0.5ppm 时可对人体造成潜在危险；在环境中二氧化硫浓度为 1~3ppm 时，多数人可明显感知，并出现眼部和呼吸道刺激症状；当环境中二氧化硫浓度在 400~500ppm 时，会造成呼吸道黏膜损伤、消化道溃疡，甚至出现肺水肿，严重者出现窒息死亡。空气中二氧化硫与烟尘常叠加致病，造成人体呼吸道损伤。当大气环境中二氧化硫浓度 >0.21ppm，烟尘浓度 >0.3mg/L 时，常导致呼吸道发病率明显增高，伴有心肺基础疾病的慢性病患者病情迅速恶化。历史事件中，伦敦烟雾事件、马斯河谷烟雾事件、多诺拉等烟雾事件，都是二氧化硫与烟尘叠加致病作用造成的典型案例。

2.1.4.5　光气和双光气

光气，又称碳酰氯，有剧毒，不燃，化学反应活性较高，遇水后有强烈腐蚀性，微溶于水，溶于芳烃、苯、四氯化碳、氯仿、乙酸等多数有机溶剂，由一氧化碳和氯气的混合物通过活性炭制得。光气常温下为无色气体，有腐草味，低温时为黄绿色液体，化学性质不稳定，遇水迅速水解，生成氯化氢，是氯塑料高温热解产物之一。光气吸入中毒后造成的损伤主要为中毒性肺水肿、肺微细血管间隙增大、渗透性增强。渗透性增强是双光气与光气中毒导致肺水肿的主要原因。对于肺水肿产生的原因，研究众多，诸如其酰化作用、其直接毒害作用、盐酸作用、神经反射作用以及中毒后肺血流动力学改变所导致等。通常认为肺微细血管壁渗漏、通透性增强，与光气的酰化损伤作用（Acylation）有直接关系。

光气为酰卤类化合物，其活性基团是 O＝C（羰基），化学性质非常活泼，光气可与肺组织细胞中蛋白质的氨基、巯基、羟基等重要功能基团发生酰化反应，引起呼吸合酶系统的广泛失活，进而影响肺组织细胞正常代谢及功能运行，使肺气血液屏障受损，导致肺微细血管通透性增高，最终引发肺水肿。其次，光气中毒时，肺泡表面活性物质生成减少也是重要因素之一。生理状态下，肺泡表面分泌一层表面活性物质，该物质可降低肺泡内液体表面张力，一般由Ⅱ型肺泡上皮细胞分泌，保证肺泡在呼气时不致塌陷，并保持肺泡内水液平衡。肺表面活性物质的主要成分为二棕榈酰磷脂酰胆碱（DPPC）。在二棕榈酰磷脂酰胆碱的合成过程中需要乙酰辅酶 A 酯酰转移酶的参与。光气中毒后，乙酰辅酶 A 酯酰转移酶失活，导致二棕榈酰磷脂酰胆碱合成减少，其在肺泡壁表面的含量降低，使 DP-PC 功能下降，进而出现肺泡内液体表面张力增大而致肺泡塌陷，肺泡压下降，与其相平衡的肺毛细血管流体静水压就增高，微血管内液体大量外渗，进入肺间质组织中，即导致肺水肿的发生。

从临床症状来看，光气吸入中毒后，通常先出现短时间内的呼吸频率减慢，继之出现呼吸浅快。在中毒早期出现肺水肿后，肺泡可呼吸表面积进行性减少，肺泡壁水肿增厚，将持续影响肺泡内氧气与二氧化碳交换，渗出液充塞呼吸道黏膜，黏膜肿胀、支气管痉挛可造成支气管狭窄，形成肺通气障碍，最终出现循环缺氧，临床表现为血氧含量持续下降，CO_2 含量进行性增多，皮肤表浅黏膜呈现青紫色。此时，人体呼吸循环系统可能会出现以下代偿性变化，如呼吸加深、加快、肋间肌活动增多、心跳加快、血压上升等症状。但在肺水肿持续期，由于肺泡内充满渗出液体，肺内压力增加，可使右心负荷持续增加；血浆成分大量渗出进入肺组织间隙，使有效循环血量减少、血液浓缩加剧、血液黏稠度上升。随着外周阻力持续增加，进一步使左心负荷加重；长时期严重的循环缺氧会出现心肌缺氧、心肌收缩力下降，并导致心律失常、血压下降等心功能衰竭的临床病症，而后者又加重组织缺氧，形成恶性循环。随着机体缺氧加剧，体内氧化不全产物生成增加，进一步导致酸中毒、电解质紊乱现象的发生。当血 CO_2 含量逐渐降低时，内脏毛细血管扩张，外周毛细血管收缩，皮肤黏膜转为苍白，血压急剧下降，可出现急性循环衰竭，进入休克状态。终末期，肺水肿合并循环衰竭，机体彻底失去代偿能力，随着肺水肿进一步发展，血浆从肺毛细血管大量外渗，造成血浆容量降低，血液浓缩，出现血浆蛋白减少，红、白细胞数及血红蛋白增加，血球比积增高，这些变化与肺水肿程度相一致。由于血液黏稠、血流缓慢，加上组织的破坏，使血液凝固性增加，导致形成血栓和外周循环栓塞。由于中枢神经系统对缺氧十分敏感，所以缺氧初期大脑皮质出现短暂兴奋，出现头痛、头晕、烦躁不安；随着缺氧程度加重，大脑逐渐进入抑制状态，表现为表情淡漠、乏力等；缺氧进一步发展，可使大脑皮层抑制持续加重，并向皮层下扩散，延髓呼吸中枢可由兴奋转为抑制，呼吸、心跳减弱，以至出现中枢麻痹，甚至出现呼吸、心跳停止而死亡。光气对生物的毒性作用见表2-4。

在1986年12月28日下午，某厂按计划检修清理光气缓冲罐内的结晶物。检修人员在15时20分左右，拆除两只光气缓冲罐的封头螺栓后，发现东侧罐内有黄褐色液体流出，西侧罐也有微量液体流出，因检修人员都戴着防毒面具，起先都认为流出的是污水，随着刺激气味逐渐增浓，并伴有辣眼的感觉，同时现场监视人员发现，东罐底部结霜，确认罐内流出的是液态光气，就运来烧碱进行破坏，直到现场无味为止。但在未进行破坏之前，光气随风飘至附近工厂，致使附近两厂200余人吸入光气，9人治疗，重度中毒2人。

表2-4 光气毒性作用数据

毒性类型	测试对象	吸入剂量	毒性作用
急性毒性	人类	50ppm/5min	无详细报告，标明致死量
急性毒性	成年男性	360mg/30min	无详细报告，标明致死量
急性毒性	人类	25ppm/30min	胸部肺部出现呼吸毒性
急性毒性	猫	190mg/15min	无详细报告，标明致死量
急性毒性	哺乳动物	50ppm/30min	无详细报告，标明致死量
急性毒性	哺乳动物	11mg/30min	无详细报告，标明致死量
急性毒性	大鼠	200ppb/6h	胸部肺部出现呼吸毒性；气管支气管结构功能变化；肺重量发生变化
急性毒性	大鼠	250ppb/4h	胸部肺部出现呼吸毒性；气管支气管结构功能变化；肺重量发生变化

2.1.5 神经麻痹毒气

神经毒剂是化学武器的一种，与其他化学武器相比（如芥子气、氯气等），神经毒剂可在短时间内损伤人体神经系统，对生物造成伤害，通常不影响人体其他组织。神经毒剂是最早用于战争中的化学毒剂之一，早在一战期间，德军就开始在战场上使用氯气，杀伤英法联军。但直到20世纪30年代，世界上第一种神经毒剂GA(塔崩)才被法本公司的德国科学家研发成功。直到现在，由于神经毒剂杀伤力高、合成简易、使用方便的特点，依然吸引着不少非正规武装、恐怖组织和"孤狼"恐怖分子在冲突中使用。现在根据各类组织(如北约和美国军方)的统计，最常使用的神经毒剂依然是20世纪30~60年代研发的G系列(如沙林和塔崩)和V系列(如VX)，而它们的化学结构和作用机理也高度相似。

神经性毒剂有两种主要类型，这两类成员有类似的属性及通用名称，北大西洋公约组织以两个英文字母来标示，即G系列和V系列。G系列是第一个也是最古老的神经毒剂家族，为非持久性的；而所有的V系列神经毒剂都是持久性试剂，意味着这些试剂不容易分解或被洗掉，可以长时间保持在衣服和表面上。神经毒剂可以与乙酰胆碱酯酶相结合(乙酰胆碱酯酶具有极高的水解活性，每秒钟一分子的乙酰胆碱酯酶可以水解25000分子的乙酰胆碱)。两种物质靠化学键结合，被结合的乙酰胆碱酯酶便不能再发挥生理作用，并且由于神经毒剂与酶的结合不能靠任何生理机制逆转，因此除非人体合成新的酶，否则在这段时间内，该部位的乙酰胆碱(一种神经递质，负责神经细胞之间传递信息的物质)都不能被正常回收利用，而是随意扩散刺激神经系统，从而引发一系列神经功能紊乱，甚至引起死亡。

综上所述，神经毒剂是通过毒性化合物杀伤目标的神经传递递质造成目标的伤亡。这种毒气的代表是一战时期的氯气以及二战中没有使用的塔崩(GA)和沙林(GB)。但是由于被联合国公约管制，在正规的战争中并没有使用，只有在一些恐怖组织组织的恐怖活动中神经毒剂才得到了数次的使用，比如叙利亚战争中"孤狼"曾经使用，日本东京地铁发生的恐怖事件。根据2013年英国每日邮报报道，叙利亚首都大马士革郊区在8月遭到政府军装有神经毒气的火箭弹袭击，造成1300名睡熟中的人死亡，其中包括大批妇女和儿童。根据联合国的后续调查发现，火箭弹中的毒气正是神经毒剂中的沙林毒气。

2.1.6 神经麻痹毒气对人体的危害

由于神经麻痹毒气的特殊性，一般只有在战场上遭遇过毒剂的士兵或者遭遇过类似东京地铁事件的人员才会有可能接触。据有关统计，20 世纪 80 年代，上千名伊朗人因暴露于伊拉克军队释放的神经毒剂沙林和托宾而死亡，同时在伊拉克战场上美国士兵虽然没有因为经毒剂沙林和托宾而死亡，但是由于缺乏防护设备和这类毒剂的高附着性，使美国士兵遭受了一定的后遗症。其中遭遇了这些毒气的 10000 多名美国士兵回国后均患有浑身乏力、四肢疼痛、记忆力减退并伴有间歇性的腹泻和表面肿块的症状，因为这些士兵都经历过海湾战争，所以这种症状又被称为海湾症状综合症。

2.1.7 呼吸系统麻痹毒气

当发生呼吸系统麻痹毒气中毒时，表现出来的症状为头晕、恶心、呕吐、昏迷，也有一部分呼吸系统麻痹毒气的中毒症状是使人皮肤溃烂、气管黏膜溃烂。这些气体深度中毒会导致休克，甚至死亡。同时呼吸系统麻痹毒气也被用于杀虫剂、各种药剂等领域。其中的呼吸系统麻痹毒气就是通过作用呼吸系统，对呼吸系统造成伤害的气体。在工业生产中，呼吸道最易接触毒物，特别是刺激性毒物，一旦吸入，轻者引起呼吸困难，重者发生化学性肺炎或肺水肿。引起呼吸系统损害的呼吸系统麻痹毒气有氯气、氨、二氧化硫、光气、氮氧化物。急性吸吸道刺激性毒物可引起鼻炎、喉炎、声门水肿、气管支气管炎等，症状有流涕、喷嚏、咽痛、咯痰、胸痛、气急、呼吸困难等，容易造成化学性肺炎，导致肺脏发生炎症，对人体的危害比急性呼吸道炎更严重。患者会出现剧烈咳嗽、咳痰（有时痰中带血丝）、胸闷、胸痛、气急、呼吸困难、发热等。化学性肺水肿患者肺泡内和肺泡间充满液体，多为大量吸入刺激性气体引起，是最严重的呼吸道病变，如若抢救不及时可造成死亡。患者有明显的呼吸困难，皮肤、黏膜青紫，剧烈咳嗽，带有大量粉红色沫痰，烦躁不安等症状，当长期吸入低浓度刺激性气体或粉尘时，可引起慢性支气管炎，严重得会引起肺气肿。

2.2 病毒在空气中传播

人体的生理活动与空气息息相关，但是气溶胶传播也是病毒传播的一种常见途径。许多烈性病毒都可以通过气溶胶进行传播。病毒随着空气进入呼吸道经过肺泡发生气体的交换，从而进入身体内部，造成身体工作机制失调。与此同时，伴随着经济的高速发展，人类居住的场所越来越密集，由以前封建社会的小农社会进入了工业化城镇。而高密度的城市人民居住环境则为传染病带来了快速传播的温床，比如在 2019 年的新型冠状肺炎的暴发，2003 年的 SARS 爆发。SARS 病毒与新型冠状病毒一样都是冠状病毒的一种，都具有高传播的特性。由于新型冠状肺炎爆发的城市人口密度与人员流动速度都远远大于 2003 年的城市人口密度与人员流动速度，这就导致了新型冠状肺炎的危害程度远远大于 SARS。因此在城镇面积扩大和人口密度提高的同时，空气中病毒的传播速度与效率也得到了提高。所以，一旦发生空气传播引起的公共卫生事件就会引起巨大的公共效应，故空气传播的病毒被公共卫生部门所重视。

2.2.1　病毒及其传播

病毒同所有生物一样，也具有遗传、变异、进化，是一种体积非常微小、结构极其简单的生物。但是病毒没有细胞结构，主要由内部的核酸和外部的蛋白质外壳组成，不能独立生存，只有寄生在其他生物的活细胞里才能进行生命活动，一旦离开细胞就会变成结晶体。病毒的遗传物质和部分的蛋白质又通过这些结晶体在不同的生物间完成传递。这种结晶体传播的方式有很多，比如通过水源、食物、空气等方式进行传播。但是并不是所有病毒都可以通过空气传播，只有一些特定的病毒才可以通过空气进行传播比如肺结核、流感病毒等，这类病毒可以在空气中悬浮、能在空气中远距离传播（>1m），并长时间保持感染性。因此也将这类病毒称为经空气传播病毒。

这类疾病又包括经空气传播疾病（如：开放性肺结核）和优先经空气传播疾病。空气传播只是病毒传播的一种形式，是呼吸系统疾病的主要传播方式。这种方式传播的病毒经呼吸作用从其他生物体内排出，进入空气，在空气中形成气体溶胶或者附着在空气中的颗粒物上形成病毒结核。形成的病毒结核通过其他生物的呼吸作用经呼吸道进入体内。这些病毒的结晶体进入了生物体以后将自身的遗传物质进入寄主细胞内，利用宿主细胞合成的物质，完成自身信息的转录和复制，最终造成生物体的宿主细胞的死亡。在 2003 年暴发的 SARS 病毒就是一种可以通过人与人之间传播的病毒，2019 年爆发的新型冠状病毒是 SARS 的同源性病毒，都为冠状病毒。据统计，2003 年 SARS 爆发给全球造成的经济损失总计 400 亿美元，其中中国内地的患病人数高达 53247 例，死亡 349 例，中国香港患病人数达 1755 例，死亡 300 人；中国台湾患病人数 665 例，死亡 180 人；加拿大患病人数 251 例，死亡 41 人；新加坡患病人数 38 例，死亡 33 人；越南患病人数 63 例，死亡 5 人。

2.2.2 经空气传播的病毒的两种方式

经空气传播（Air Borne Transmission）是呼吸系统传染病的主要传播方式，包括飞沫传播和尘埃传播三种传播途径。

飞沫传播是病原体从传染源游离出来的，传播到可感染宿主体内，然后进生物体体内，导致生物感染的方式。按照飞沫传播距离的远近主要可分为近距离液滴传播、远距离气体传播和物体表面传播三种方式。飞沫传播（Droplet Transmission）是指含有大量病原体的飞沫在病人呼气、喷嚏、咳嗽时，经口、鼻进入环境中，其中大的飞沫迅速降落到地面，中等直径的颗飞沫在空气里短暂停留，随后落在传染源周围。如果飞沫离开人体后，周围恰好有人在说话，呼吸、咳嗽时，这些飞沫液滴便会从鼻咽部进入肺部。还有一部分的病原体液滴直接沉积在易感人群的眼膜、鼻黏膜或者嘴上，造成生物体感染。但是这种传播范围基本在距污染源 1m 范围内，故被称为近距离液滴传播；还有一部分喷出的飞沫，由于粒径较小可以长时间悬浮在空气中。当飞沫蒸发后变成飞沫核，这些携带病原体的飞沫核被易感染者吸入或沉降在黏膜上，使其被感染，故这种传播方式被称为飞沫核传播。这种传播距离较长，长度可达几十米到几百米，而且也因为飞沫核内的遗传物质难以失效，因此传播的时间长、范围广。

当空气中的飞沫遇到空气中的颗粒物时，通过颗粒物之间的静电吸附作用，使空气中的飞沫核或者刚刚排出人体的飞沫附着在颗粒物上，随着空气中的颗粒一起悬浮在空气中，形成气溶胶。这些颗粒物随着空气被吸入呼吸道，进入人体，最终进入生物体。这种传播就是所谓的尘埃传播。空气传播如图 2 - 1 所示。

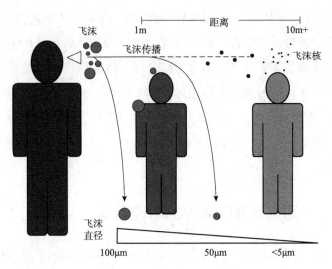

图 2-1　空气传播示意图

2.2.3　病毒传播影响因素

不同的病毒的传播需要不同的传播途径。依靠空气传播的病毒主要有流感病毒、感冒病毒、冠状病毒、禽流感病毒等。但是这类疫情的爆发取决多种条件，其中人口密度、卫生条件、易感者在人群中的比例起决定性作用。

流感病毒具有较高的传染性，传播的方式也比较多。普通人可以通过直接接触或者间接接触携带病毒的污染物而患病，也可以通过飞沫或者携带有病毒的小液滴而患病。有研究表明，有一部分的流感病毒是具备空气传播能力的，比如部分研究学者利用 H_3N_2 病毒感染两组志愿者，在志愿者身上进行了流感病毒气溶胶传播实验。而这个实验结果表明了该病毒可以通过气溶胶传播的方式在人与人之间相互传播。但是流感病毒不是所有的亚型流感病毒都具有气溶胶传播能力，而且同样具备气溶胶传播能力的不同亚型流感病毒，传播的能力也会有所不同。因此，亚型流感病毒中的一部分可以通过空气传播。其他的几类病毒经过科学研究发现，它们如同流感病毒一样都可以经过空气传播，但是不同的是它们的传播能力、致病能力。

2.3　工业粉尘

2.3.1　工业粉尘

粉尘是一种能长时间地以浮游方式存在于空气中的固体颗粒。粉尘会导致肺部疾病、皮肤感染、癌症等多种疾病，严重影响人们的身体健康。排出的粉尘还会对污染区外的环境，对厂区周围的居民健康造成影响。近几年来，雾霾现象越来越严重，粉尘是导致雾霾的一个很重要的因素。随着人们对生产、生活环境的要求越来越高，人们也越来越重视环境保护。目前，我国的尘肺病人群有 600 多万，每 1.5h 就有一个尘肺病农民工因无法呼吸而死亡，患上尘肺病的农民工多为青壮年，其因尘肺病而死亡后，整个家庭可能会失去收入来源，导致老无所依、幼无所养。然而，尘肺病主要与粉尘工作环境有关，工人长期吸入的大量粉尘会在肺中沉积而致病。因此，为了保证工人的身体健康，避免尘肺就需要对粉尘有比较详细的了解，继而对粉尘做出防护，做到保护特种工作人员的身体健康。

2.3.2　工业粉尘的来源

工业粉尘来源甚广，几乎所有的工业生产过程中均可产生粉尘，如采矿和隧道的打钻、爆破、搬运等，矿石的破碎、磨粉、包装等（见图 2-2），机械工业的铸造、翻砂、清砂等，以及玻璃、耐火材料等工业，均可接触大量粉尘、煤尘；

图 2-2　工业粉尘来源——石材加工

皮革、棉毛、烟茶等加工行业和塑料制品行业都会产生工业粉尘。因此，工业粉尘的形成途径大致可以分为三大类：固体物料经机械性撞击、研磨、碾轧而形成的，经气流扬散而悬浮于空气中的固体微粒、物质加热时生产的蒸气、在空气中凝结或被氧化形成的烟尘、有机物质的不完全燃烧形成的烟。

2.3.3 工业粉尘对呼吸系统的危害

生产性粉尘既污染环境，又严重危害作业工人的身体健康。粉尘对人体的危害程度取决于人体吸入的粉尘量、粉尘侵入途径、粉尘沉着部位和粉尘的物理、化学性质等因素。粉尘侵入人体的途径主要有呼吸系统、眼睛、皮肤等，其中以呼吸系统为主要途径。根据不同特性，粉尘可对机体引起不同的损害。人体吸入生产性粉尘后，可刺激呼吸道，引起鼻炎、咽炎、支气管炎等上呼吸道炎症，严重的可发展成为尘肺病；如果粉尘侵入眼睛，便容易引起结膜炎、角膜混浊、眼睑水肿和急性角膜炎等症状；如果可溶性有毒粉尘进入呼吸道，很快被吸收进入血液系统，引起中毒；若是放射性粉尘，则可造成放射性损伤；粉尘堵塞皮脂腺和机械性刺激皮肤时，会引起粉刺、毛囊炎、脓皮病及皮肤皲裂等；粉尘进入外耳道混在皮脂中，可形成耳垢等。

在众多粉尘中，以石棉尘和含游离二氧化硅粉尘对人体危害最为严重。石棉灰尘不仅能引起石棉肺，而且还具有致癌性；而采石场、矿山、开山筑路、开凿隧道等作业产生大量的含游离二氧化硅的粉尘，长期吸入可引起矽肺病。矽肺是职业病学最严重的病种之一，临床表现一般为气短、胸闷、胸痛、咳嗽和咳痰等呼吸功能障碍症状，最终可因呼吸功能衰竭而死亡。有毒的金属粉尘和非金属粉尘(铬、锰、镉、铅、汞、砷等)进入人体后，则会引起中毒甚至造成死亡；吸入铬尘，则会引起鼻中隔溃疡和穿孔，使肺癌发病率增加；吸入锰尘，则会引起中毒性肺炎；吸入镉尘，则引起肺气肿和骨质软化等。

无毒性粉尘对人体危害也很大。如果长期吸入一定量的粉尘，会导致粉尘在肺内逐渐沉积，使肺部产生进行性、弥漫性的纤维组织增多，进而出现呼吸机能疾病，这种病症被称为尘肺。如果吸入一定量的二氧化硅粉尘，使肺组织硬化，造成矽肺。例如，2009 年 7 月在某耐磨材料有限公司打工的农民工张某回乡后，出现咳嗽、胸闷等症状。北京多家医院诊断其病情为尘肺，而具有职业病鉴定资质的某职业病防治所却将其诊断为"肺结核"。为了证明自己的病情，他不惜到医院"开胸验肺"。而手术后结论为"尘肺合并感染"，最后在社会舆论的监督下由具有职业病鉴定资质的职业病防治所及相关专家确定为"三期尘肺病"。

除此之外，当工业微细粉尘在大气中达到一定浓度之后，就会引起大气能见度下降、雾霾天气、有毒颗粒等环境污染问题。特别是亚微米粉尘 $PM_{2.5}$，由于其比表面积大、表面活性大及易富集有毒有害物质，可以在大气中长时间长距离漂移，因而对人体健康和大气环境质量的影响较大。科学分析表明，进入肺部的 $PM_{2.5}$ 无法排出体外，会引起肺部疾病，损害呼吸功能，造成炎症、哮喘，甚至造成肺气肿、肺癌。如果空气中的 $PM_{2.5}$ 每立方米增加 10mg，人群的死亡风险就会上升 4%，其中，得心肺疾病的死亡风险上升 6%，得肺癌的死亡风险上升 8%。

2.4　空气污染物

2.4.1　空气污染物组成

空气污染物是由气态物质、挥发性物质、半挥发性物质和颗粒物质（PM）的混合物组成。空气污染物的组成受多种因素的影响，包括气象条件、每天的不同时间、每周的不同天数、工业活动和交通密集度等。除此之外，大气中的空气污染物成分也十分复杂，大气污染物是由单相或二相颗粒物和气态污染物以及吸附在颗粒物上的重金属、离子成分等化学成分组成的混合物，可分为颗粒物和气态污染物两大类。颗粒物可进入人体的呼吸道，对机体产生损害作用；气态污染物包括氮氧化物、二氧化硫、一氧化碳和臭氧等。

2.4.2　空气污染物的来源

空气污染源可分为两类，自然源和人为源。自然源是许多不同污染物和化学物质的形成和散发来自地壳的天然过程；人为源是产生空气污染的主要方面，它主要是在人们的生产活动和日常活动过程中（工业、交通、各种燃烧和垃圾处理等）产生的。而人为源可分为特殊源和综合源。如果人们根据空气所含的污染物，就能明确无误地指出它们来自某个排放源，则该人为源空气污染源称为特殊源。这种特殊源往往是指个别大的工厂或是某种空气污染物的唯一排放位置。如果某地区有许多排放源，有固定的或流动的，人们不可能根据空气中所含的污染物的成分和性质来判定它们来自某个具体源，这种污染源统称综合源。

2.4.3 空气污染物的组成成分

在日常生活中，常见的空气污染物有臭氧、一氧化碳、氮氧化物、硫氧化物、颗粒物。空气污染物中的颗粒污染物就是雾霾的主要成分。这些颗粒物主要指分散悬浮在空气中的液态或固态物质，其粒度在微米级，粒径大约在 0.0002 ~ 100μm 之间，包括气溶胶、烟、尘、雾和炭烟等多种形态，是烟尘、粉尘的总称。其中空气污染物的化学组成成分包括气态污染物以及吸附的重金属、离子成分等。其中，气态污染物包括二氧化硫、二氧化氮、臭氧、氧化碳。PM 是影响城市空气质量的主要因素，其中大气中的 PM 来自自然界以及人类的生产和生活活动。按照空气动力学直径将 PM 分为可吸入颗粒物（粒径小于或等于 10μm）、粗颗粒物（粒径在 2.5 ~ 10μm 之间）、细颗粒物（粒径小于或等于 2.5μm）、超细颗粒物（粒径小于 0.5μm）。PM 的毒性与其化学成分、来源和粒径大小密切相关。一般认为，粒径越小，越易进入呼吸道深部，越易附着有毒物质，对健康的危害越大。在世界范围内，我国是 PM 污染最严重的国家之一。$PM_{2.5}$是各种空气污染物中对健康危害最严重的。

2.4.3.1 气态污染物

气态污染物是指在常态、常压下的以分子状态存在的气体状态的污染物。常见的气态污染物有一氧化碳、氮氧化合物、硫氧化合物等气体物质。

一氧化碳是一种无色、无味、无臭的易燃有毒气体，是含碳燃料不完全燃烧的产物，在高海拔城市或寒冷的环境中，一氧化碳污染问题比较突出。

氮氧化物主要是指一氧化氮（NO）和二氧化氮（NO_2）两种，它们大部分来源于矿物燃料的燃烧。一氧化氮相对无害，但它迅速被空气中的臭氧氧化生成为二氧化氮。燃烧含氮燃料（如煤）和含氮化学制品也可以直接释放二氧化氮。按照污染源来区分，机动车排放是城市氮氧化物主要来源之一。

臭氧是光化学烟雾的代表性污染物，主要由空气中的氮氧化物和碳氢化合物在强烈阳光照射下，经过一系列复杂的大气化学反应而形成和富集。虽然在高空平流层的臭氧对地球生物具有重要防辐射保护作用，但城市低空的臭氧却是一种非常有害的污染物。

碳氢化合物在自然界中的来源主要是由生物的分解作用而产生，如甲烷、乙烯等。甲烷的结构稳定，不会引起光化学污染的危害，但乙烯的光化学活性较强，还会产生甲醛而刺激眼睛。人为的碳氢化合物排放主要来自不完全燃烧过程和挥发性有机物的蒸发。大部分碳氢成分对人体健康无害，但能导致光化学烟雾的形成。

硫氧化物主要是指二氧化硫、三氧化硫和硫酸盐，如燃烧含硫煤和石油等。此外，火山活动等自然过程也排出一定数量的硫氧化物。二氧化硫对人体健康有重要影响，二氧化硫对人体的结膜和上呼吸道黏膜有强烈刺激性，可损伤呼吸器管导致支气管炎、肺炎，甚至肺水肿、呼吸麻痹。短期接触二氧化硫浓度为 $0.5mg/m^3$ 空气的老年病人或慢性病人死亡率增高，当浓度高于 $0.25mg/m^3$ 时，可使呼吸道疾病患者病情恶化；长期接触浓度为 $0.1mg/m^3$ 空气的人群呼吸系统病症增加。另外，二氧化硫对金属材料、房屋建筑、棉纺化纤织品、皮革纸张等制品容易引起腐蚀、剥落、褪色而损坏，还可使植物叶片变黄甚至枯死。国家环境质量标准规定，居住区日平均浓度应低于 $0.15mg/m^3$，年平均浓度应低于 $0.06mg/m^3$。二氧化硫是城市中普遍存在的污染物。空气中的二氧化硫主要来自火力发电及其他行业的工业生产，比如固定污染源燃料的燃烧、有色金属冶炼、钢铁、化工、硫厂等的生产、小型取暖锅炉和民用煤炉的排放等来源。二氧化硫是无色气体，有刺激性，在阳光下或空气中某些金属氧化物的催化作用下，易被氧化成三氧化硫。而三氧化硫有很强的吸湿性，与水汽接触后形成硫酸雾，其刺激作用较二氧化硫强 10 倍，这也是酸雨形成的主要原因。人体吸入的二氧化硫，主要影响呼吸道，在上呼吸道很快与水分接触，形成有强刺激作用的三氧化硫，可使呼吸系统功能受损，加重已有的呼吸系统疾病，产生一系列的症状，如气喘、气促、咳嗽等。最易受二氧化硫影响的人包括哮喘病、心血管、慢性支气管炎及肺气肿患者以及儿童和老年人。2019 年 5 月 27 日，甘肃陇南成县一工厂发出刺鼻性气味，多位村民表示闻到刺鼻气味导致恶心呕吐，学生纷纷从学校返家或就医。此次成州锌冶炼厂发生的二氧化硫逸出事故，导致附近部分群众出现不适症状，对居民的生活造成了巨大的影响。

2.4.3.2 颗粒污染物

颗粒污染物主要指分散悬浮在空气中的液态或固态物质,其粒度在微米级,粒径大约在0.0002~100μm之间,包括气溶胶、烟、尘、雾和炭烟等多种形态。

图2-3 颗粒污染物—汽车尾气

颗粒物是烟尘、粉尘的总称。既有天然来源,如风沙尘土、火山爆发、森林火灾等造成的颗粒物;又有人为来源的颗粒污染物,如工业活动、建筑工程、垃圾焚烧以及车辆尾气(见图2-3)等。由于颗粒物可以附着有毒金属、致癌物质和致病菌等,因此其危害更大。空气中的颗粒物又可分为降尘、总悬浮颗粒物和可吸入颗粒物等。其中可吸入颗粒物,能随人体呼吸作用深入肺部,产生毒害作用。

2.4.3.3 金属污染物及有毒污染物

汞(Hg)及其化合物属于剧毒物质,可在体内蓄积。空气中的汞经雨水淋溶冲刷而进入水体。汞对人体的危害主要表现为头痛、头晕、肢体麻木和疼痛等。总汞中的甲基汞在人体内极易被肝和肾吸收,虽然总汞中只有15%被脑吸收,但首先受损是脑组织,并且难以治疗,往往促使死亡或遗患终生。

挥发性有机物包括苯、甲醛和1,3-丁二烯,它们是由汽车燃料不完全燃烧和石油及润滑剂蒸发形成。即使浓度很小,也能引发癌症、心血管疾病和肝脏及肾功能障碍。它们可能还会引起先天畸形和不孕不育。挥发性有机物很容易与氧气和其他氧化剂发生化学反应,释放出更加危险的毒素。

铅可以通过空气、食品和水进入人体。它还能依附在尘粒上,储存在血液、骨骼和软组织里。铅可引起严重的肾病、肝病、神经系统疾病和其他器官病变。除此之外,它还能导致心理紊乱、痉挛和智力迟钝,尤其对儿童危害更大。近几十年来,铅一直通过含铅汽油产生的尾气进入大气。

空气中含有微量有毒物质,也会对植物和动物造成严重危害。美国《洁净空气法》列举了188种由工业设备释放、21种由汽车尾气释放出来的有毒物质,以及 33 种城市空气里包含的典型有毒化合物。其中大部分毒素可致癌或导致 DNA 受损。它们附着在悬浮颗粒物表面后，对人畜产生的危害更大。研究发现由有毒物质钴引起的变异，甚至可以遗传给后代。部分低浓度的有毒物质只有在特殊环境下才能显现出毒性。因此，毒素浓度是评估生态环境的一个重要标准。

2.5　大气污染物的健康风险评估

自从改革开放以来，我国的经济迅速发展，然而与之而来的问题就是空气污染的问题。在工业化的进程中，各种工厂矿业的发展，使空气中的污染物大幅度增加。

除此之外，由于用地的激增，导致了对森林的大规模的破坏，使自然环境对空气的净化能力迅速下降，因此导致了一系列的河流干涸、森林减少、动物灭绝、臭氧层破坏等环境污染问题。然而大气污染物对人体的健康威胁是一个值得重视的问题(如对人的呼吸系统、免疫系统、心血管系统等造成损伤)，比如大气污染物导致每年有几十万人患急性或慢性疾病，甚至过早死亡；而且对日常生活和农业生产也会造成不利影响，例如，出现雾霾天气时，大气能见度显著降低，对出行造成阻碍；在大气污染物浓度较高时，农作物叶子出现水渍斑点，进一步枯死、脱落，甚至全株枯死；在浓度较低、接触时间较长时，叶片退绿、枯黄、植物体内污染物积累。然而不同浓度的大气污染浓度对生物体有不同的影响，为了将大气污染物的浓度量化，我国制定了相应的标准。在《中华人民共和国卫生行业标准》中规定了大气污染物的衡量标准与一系列对人体伤害的评估流程。根据该标准的一系列模型，可以将人体暴露在相应浓度大气污染物中的时间计算出来或者计算出对大气污染物的敏感程度。图 2 - 4 为《中华人民共和国卫生行业标准》中的基于人群特征资料的健康风险评估工作流程。除此之外，我国还根据一系列的实验数据制定出了各种有毒物质的浓度对人体的危害，并对特种工作环境中的人员呼吸防护做出了规定。比如 GB 2626—2006《呼吸防护用品　自吸过滤式防颗粒物呼吸器》、GB/T 18664—2002《呼吸防护用品的选择、使用与维护》、《国家卫生健康委办公厅关于印发空气污染(霾)人群健康防护指南的通知》等文件。

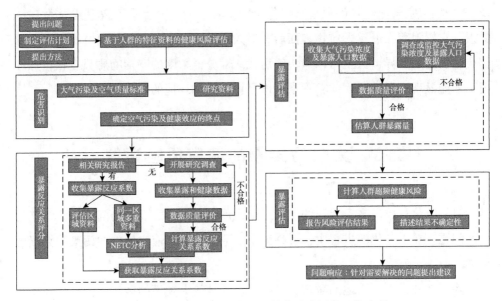

图 2 - 4　基于人群特征资料的健康风险评估工作流程

参考文献

[1]董宗祈. 呼吸系统的防御功能及其保护措施[J]. 实用儿科临床杂志, 2004, (02): 158 - 160.

[2]李春璐. 雾霾天气下体育运动对呼吸系统的损害程度分析[J]. 科技通报, 2014, 30 (1): 62 - 65.

[3]万征, 边波. 颗粒物大气污染: 独立的心血管病危险因素[J]. 中国循证心血管医学杂志, 2011, 3(5): 332 - 335.

[4]Brook RD, Franklin B, Cascio W, et al. Air pollution and cardio-vascular disease: a statement for health care professionals from the Expert Pane lon Population and Prevention Science of the American Heart Association[J]. Circulation. 2004, 109(21): 2655 - 2671.

[5]朱远星. 高含硫天然气净化厂气体检测仪优化设置方法研究[D]. 西南石油大学, 2015.

[6]张钊铭, 刘玟彤, 周丽婷, 等. 长春市大气污染与冠心病住院人次的关联性[J]. 中国老年学杂志, 2020, 40(7): 1345 - 1349.

[7]刘琦, 王冰. 氯气的危害及其防治[J]. 安全, 2005, (02): 44 - 45.

[8]王登强, 林洁, 蒋景辉. 某化工企业氯气作业人员健康状况调查[J]. 海峡预防医学杂志,

2019，25（1）：22 – 24.

[9]梁启荣．职业性急性硫化氢中毒救治现状[J]．职业与健康，2013，29（14）：1808 – 1810.

[10]隋全恒，王晶，臧晓鸣．对硫化氢中毒事件的现状分析——探讨急性化学中毒事故的对策[J]．临床和实验医学杂志，2006，（11）：1855 – 1857.

[11]隋全恒，王晶，臧晓鸣．对硫化氢中毒事件的现状分析——探讨急性化学中毒事故的对策[J]．临床和实验医学杂志，2006，（11）：1855 – 1857.

[12]梁启荣．职业性急性硫化氢中毒救治现状[J]．职业与健康，2013，29（14）：1808 – 1810.

[13]卫职文．硫化氢中毒的防治[J]．广东职业病防治，1976，（1）：17.

[14]李自力．一氧化碳中毒病理生理机制研究进展[C]．中国医师协会急诊医师分会第一届全国年会论文集．2010：160 – 162.

[15]李自力．一氧化碳中毒病理生理机制研究进展[C]．中国医师协会急诊医师分会第一届全国年会论文集．2010，160 – 162.

[16] Thom SR. Carbon monoxide patho physiology and treatment. In：Neuman TS，Thorn S Reds. Physiology and medicine of hyperbaric oxygen therapy[J]. Philadelphia Saunders Elsevier，2008，5321 – 5347.

[17]徐兰萍．光气中毒机制与治疗进展[J]．职业卫生与应急救援，2005（04）：183 – 185.

[18]何岱昆，申捷．光气吸入性肺损伤的研究进展[C]//第十一次全国急诊医学学术会议暨中华医学会急诊医学分会成立二十周年庆典论文汇编，2006，315 – 316.

[19]墨夫．海湾战争综合症揭秘——神经毒气[J]．国际展望，1996，1，24 – 25.

[20]翁小杰．一例沙林中毒的急救与护理[J]．职业与健康，2001，17（10）：174 – 174.

[21]孟文琪．化学战剂防护研究进展[C]．中国毒理学会灾害与应急毒理学专业委员会第一次全国学术交流会论文集．2016，789 – 790.

[22]曹根发，真仁．沙林中毒所致姊妹染色单体异常交换频率的分析[J]．癌变·畸变·突变，2001.

[23]李天正，周伟．各类场所空调系统分类及应用建议[J]．中国感染控制杂志2020，19（04）：301 – 305.

[24]刘欢．特定情况下存在经气溶胶传播可能[N]．北京日报．2020，2 – 20.

[25]刘鹏，张华玲，李丹．人体飞沫室内传播的动力学特性[J]．制冷与空调（四川），2016，30（04）：371 – 376.

[26]传染性非典型肺炎病毒研究实验室暂行管理办法[J]．畜牧兽医科技信息．2003，（07）：26 – 27.

[27]科学技术部、卫生部、国家食品药品监督管理局 国家环境保护总局关于印发《传染性非典型肺炎病毒研究实验室暂行管理办法》和《传染性非典型肺炎病毒的毒种保存、使用和感染动物模型的暂行管理办法》的通知[J].山东政报.2003,(12):19-22.

[28]科技部等.《传染性非典型肺炎病毒研究实验室暂行管理办法》和《传染性非典型肺炎病毒的毒种保存、使用和感染动物模型的暂行管理办法》[J].西藏科技,2003,(06):64.

[29]李素丽.禽流感病毒传播过程研究[D].石家庄铁道大学,2016.

[30]马庆晏,李德鸿,钟毓娜,等.新工人棉尘暴露3年呼吸系统症状发生与肺功能改变[J].中国工业医学杂志,1997,(05):34-36.

[31]王成福.工业微细粉尘的危害与有效捕集研究[J].科技通报,2013,29(1):185-189.

[32]曾敏捷.可吸入颗粒物在人体上呼吸道中运动沉积的数值模拟[D].浙江大学,2005.

[33]王成福.工业微细粉尘的危害与有效捕集研究[J].科技通报.2013,29(1):185-189.

[34]何骁生.空气污染物及其组分与心肺疾病死亡、冠心病发生的流行病学研究[D].华中科技大学,2014.

[35]白莉,温轩,徐昭炜.北京市大气环境评价及污染物时空分布[J].绿色环保建材,2020,(03):47-49.

[36]佚名.中华人民共和国卫生行业标准.医院感染监测规范[J].中华医院感染学杂志.2009,19(11):1313-1314.

第3章 典型的有毒气体事故案例

3.1 韩国大邱地铁火灾事件

韩国著名的大邱地铁火灾案件是一起因火灾的非热危险因素（火灾中的烟气）造成大量民众伤亡的恶性地铁火灾事故。韩国大邱地铁火灾案件是全世界危害最严重的案件之一，也是对我国影响最严重的地铁火灾事件。该起案件发生在2003年2月，在这次案件中一共造成126人死亡，146人受伤，此外还有318名失踪者。事故发生后为了悼念遇害者，韩国大邱市从2003年2月19日起进入为期五天的"市民哀悼期"，市辖区内的公共机构降半旗，市民们则于胸前佩戴黑布条，以示对罹难者的哀悼之意。另外大邱市还举办"市民追悼之夜"等活动。根据对该起事件的调查发现，这起事件是一名精神病患者对社会的报复性行动。该嫌疑人疑似一名精神病患者，该精神病患者名为金大汉。

此次事故的发生时间与东京地铁沙林的发生时间类似，都发生在早晨公众乘坐地铁的时间，是地铁交通运营的高峰期。因此事故发生之后造成的影响非常恶劣。据事故调查记录发现，在2003年2月18日上午9时55分左右，韩国东部著名的纺织服装城市大邱市列车刚在市中心的中央路车站停住，第三节车厢里一名56岁的男子就从黑色的手提包里取出一个装满易燃物的绿色塑料罐，并拿出打火机试图点燃。车内的几名乘客立即上前阻止，但这名男子却摆脱阻拦，把塑料罐内的易燃物洒到座椅上，点着火并跑出了车站。站内起火后，车站的电力系统立刻自动断电，站内一片漆黑，列车门因断电无法打开。而列车内没有自动灭火装置，所以火灾发生后，无法遏制火灾的发展。

除此之外，当大火烧起来的时候，刚好驶进站台的对面一趟列车也因停电而无法动弹。因此当列车进站之后，大火迅速蔓延到对面的列车，然后两列车的12节车厢全被烈火浓烟包围。地铁乘客迅速乱作一团，有的拼命撬门，有的四处寻找逃生的出口。慌乱中，许多乘客因浓烟窒息而死。浓烟不仅从地铁出口向地面上的街道扩散，而且顺着通风管道蔓延至地下商场。200多家商店纷纷关门。当地警方、消防部门在两分钟内接到了火警警报，迅速调集1500多名人员和数十辆消防车前往救援。大邱市中心区警笛声响成一片，警察封锁了通往现场的所有路口。许多市民闻讯赶到现场，寻找自己亲属。事故现场周围哭声不断，交通陷入瘫痪。

尽管在灾害发生之后，响应了一系列的措施，但是由于当时缺乏对地铁火灾的处理经验，依旧导致了灾害不断扩大。根据在事故车厢的乘客描述在火灾发生之后由于地铁公司的响应措施较为迟钝，没有将其他列车调度，导致火灾发生之后依旧有一辆对开的1080号列车到达了车站。第二波灾难接踵而至。1080号列车上的驾驶员崔相烈像往常一样驾驶机车驶入中央路站，在此之前，驾驶员只接到指挥室"注意运行"的通报，直到列车进站后，才接到对面列车发生火灾的消息。望着烟雾弥漫的站台和慌乱的人群，这才意识到事情的严重性。因为浓烟和大火，地铁站内的电源自动切断，整个站台顿时漆黑一片。此时的1080号列车车厢内，电灯突然爆裂，但并未引起惊慌失措的骚动。车厢内的广播说，"发生了火灾，请暂时等候"。于是，乘客们在不知情的情况下呆坐在座位上，茫然等待着下一步通知。这时，29岁的大学讲师柳镐正正在地铁内，他用了两卷胶卷，将在平静中等待死亡的人们真实记录了下来。浓烟开始在车厢内散布，一些乘客因烟雾剧烈咳嗽起来，一些人急忙用手捂住了口鼻。但在随后的5分钟里，列车一直紧闭车门停在站台上，既没有广播通知，也没有开门让乘客逃生。大火很快就紧逼上来，浓烟渐渐布满了整个车厢。这时，车厢内的乘客才如梦初醒般地慌乱起来。在1080号列车进站之后的几分钟，其6节车厢已燃起了熊熊大火，充满绝望的呼救声和哭喊声连成一片。黑暗加剧了人们的恐慌，一些乘客吸入有毒气体倒下去，剩余的人则互相拥挤、踩踏，一窝蜂地涌向地铁出口。

事故发生时，庆北永川市邑琴湖车站站长、45岁的权春燮正在1080号列车的4号车厢内。在车厢内广播发生火灾的消息后，他感到情况不妙，于是打开了门边座椅下的紧急开关，准备用手开门。在车厢灯熄灭、只有紧急照明灯亮着的情况下，他轻松地用手打开了车门。当权春燮走出车门时，车厢内的其他乘客也开始纷纷逃出。当时，为避开 4 号车厢内的浓烟而涌到其他车厢的乘客也奔回 4 号车厢，随后，约有 60 多人接连从 4 号车厢逃了出来。在另一些车厢，乘客因为无法打开车门而活活地窒息而死。权春燮走出列车后，盲目走在漆黑的地铁站内，后因吸入过多的烟雾，被随后赶来的救援人员送往岭南大学医院接受治疗。车站外，浓浓黑烟从地铁的各个通风口冲向蓝天，毫不知情的行人和司机被满街的浓烟惊得目瞪口呆。交警立即封锁了主要交通干道，为火速赶来的救护车辟出专用车道。此时，在中央路车站第四出口前经营便利店的周某也看到了喷出的滚滚浓烟，但很长一段时间过去了，却看不到因受到惊吓而大喊着跑出来的乘客。周某或许并没有想到，那些惊慌失措的乘客正为寻找出口而苦苦挣扎着。两辆列车在黑暗中继续燃烧着，产生了大量令人窒息的浓烟和有毒气体；由于站内通风不畅，一些人在站台上便被浓烟熏倒，随后被后面的人所践踏；另一些人好不容易摸到了地铁出口，却也未能逃出高浓度有毒气体的魔掌，纷纷昏倒在出口的台阶上。

一场事故的发生不仅仅是由于事故的突发性，还与事故的处置措施以及事故的内因有关。根据火调专家的调查报告表明，地铁的安全系统失灵致使火灾发生后地铁的供电系统将列车的供电切断，由于缺乏专业人士的操作，导致乘客无法安全离开车厢，乘客被困在漆黑的地铁站内。由于从对面驶入的 1085 号列车由于没有得到调度室的任何指令，径直进入了已经失火的中央路站站台。结果这列列车到站后随即被 1079 号列车的火焰点燃，两列列车全部被烧毁。除此之外，由于地铁列车的座椅及其他装饰材料都是不防火的材料，因此导致了在火灾发生后因为这些材料的热物性和遇火特性迅速发生化学反应，比如其中大量的玻璃纤维和硬化塑料在遇到火焰和高温后起褶，然后冒出滚滚的有毒烟雾。这些烟雾在火灾之后几分钟内，便得乘客看不清周围的一切而且被纷纷熏倒。除此之外，由于在 1085 号列车的驾驶员拿不定主意该如何处置这种情况时，车上的乘客却因此被困了 10 分钟。驾驶员后来终于手动打开了一些车厢的车门，但此举却适得其反，使乘客暴露在有毒气体中。据救援人员称，死亡的乘客多数是第二列列车的乘客。此外，地铁站台内如同列车内部一样，也没有装有灭火装置，据说是担心水可能会引起地铁站内电线短路，而且站内也没有荧光标志引导乘客走出漆黑的车站。

韩国大邱地铁纵火案，给地铁热持续"发烧"的中国同样带来了震撼，所有有地铁的城市都开始了对地铁安全的反思。各地铁公司在纷纷出面安定人心的同时，明显加强了地铁消防安全管理工作。世界各国考虑到由于地铁火灾发生之后，人员的疏散将是一件困难的问题，依靠检票口难以实现人员的疏散，因此将地铁口设立栅栏，以便在火灾发生之后可以迅速将被困人员通过栅栏疏散。除了将人员疏散的通道加多加宽外，为了保证乘客拥有充足的时间进行疏散，还专门通过消防规划开辟了专门的排烟系统及其组合开启模式，保证了在火灾发之后，可以将内部的烟气排出，避免发生类似韩国大邱地铁事故这样事件，避免乘客因为火灾烟气的原因，无法进行安全疏散。为了避免火灾发生后无法做到快速响应，制定了消防预案和专门立法规定消防安全管理制度、岗位职责。地铁部门应提高整体协作处置火灾事故的能力；对已配备的消防设施进行定期检测，保证消防设施完好有效；严格遵守安全操作规程及用火用电制度，力争将违章作业完全杜绝。

3.2　东京地铁沙林事件

早在美国"9·11事件"恐怖袭击以前，恐怖袭击事件就已经发生。其中对世界影响最深远的事件莫过于日本的东京地铁沙林事件。东京地铁沙林袭击事件发生在1995年3月20日清晨，由日本的邪教组织奥姆真理教的麻原彰晃指使其教徒实行。这起恐怖袭击事件发生在东京市区的三条地铁线路内，造成12人死亡、约5500人中毒、1036人住院治疗。东京地铁沙林毒气事件也是日本自从第二次世界大战结束后最严重的恐怖袭击事件。

在这起恐怖袭击的事件中，使用的沙林毒气被称为"无核国家的原子弹"，由此可见沙林毒气的危害。沙林毒气又叫沙林，英文名称Sarin，可以令人麻痹，沙林的化学式为$(CH_3)_2CHOOPF(CH_3)$，是常用的军用毒气武器。这种毒气在1938年由德国的研究者 G·施拉德（Gerhard Schrader）、O·安布罗斯（Otto Ambros）、G·吕第格（Gerhard Ritter）、范·德尔·林德（Vander Linde）首次发现，系研制新型杀虫剂的副产物。这种毒剂就是以上述 4 个人的姓中的 5 个字母命名的。德国人很快发现这种毒气的军事价值，并投入生产，但是二战期间并未使用。

沙林对机体的作用主要有三个方面：一是选择性抑制活性，使 Ach 在体内蓄积，引起神经系统功能紊乱；二是毒剂作用于胆碱受体；三是毒剂对非胆碱神经系统的作用。通过过度刺激肌肉和重要器官影响神经系统产生致命效果。沙林是有机磷酸盐会破坏生物体内的神经传递物质乙酰胆碱酯酶，生物的所有自主与非自主肌肉运动是乙酰胆碱跟乙酰胆碱酯酶之间的一个平衡，破坏这个平衡的话，肌肉会只收缩而无法扩张。主要会瘫痪呼吸功能、缩瞳、肠胃痉挛剧痛，大量分泌眼泪、汗水与唾液。生物体吸入沙林后会非常痛苦地死亡，而且死亡剂量足够的话，2min 左右就会导致生物体死亡。这种毒剂主要是通过阻断生物体内的神经传导物质与靶器官的结合作用，达到对机体的伤害作用。根据研究人员对其的观察和研究发现沙林毒气通过自身的有机磷与神经递质乙酰胆碱相结合，阻断其水解。而乙酰胆碱是神经传导物质（Neuro Transmitter）的一种，传递信息的神经末梢都内含乙酰胆碱的小泡。当神经传导物质在神经元之间传递时，小泡就会释出乙酰胆碱，乙酰胆碱再越过（Synapse）与受体结合；或是 Ach 与 Acetyl Choline sterase 结合，进行水解反应，形成胆碱（Choline）以便回收、重新合成 Ach。而这一步水解反应相当快，以确保此神经刺激反应非常迅速。当乙酰胆碱的水解反应一旦停止时，受体却继续不断地接受乙酰胆碱的刺激而无法水解，收回胆碱。如此，会很快地造成生理上的不平衡，使乙酰胆碱在突触和神经肌肉接头堆积而过度兴奋麻痹，导致生物体的死亡。当然，如果此时能迅速利用一些解毒剂如 Atropine 等来解除乙酰胆碱与受体的作用，就可避免生物体死亡。沙林毒气之所以释放到空气中就可以造成生物体的死亡是因为沙林可以通过呼吸或透过皮肤和眼结膜侵入人体，对乙酰胆碱酯酶（AchE）造成不可逆的抑制作用是其毒性的主要机制，在遭受其侵袭后，人体会出现瞳孔缩小、呼吸困难、支气管缩小和剧烈抽搐等症状，严重时几分钟内会窒息而死。

据日本的调查发现，这起恐怖事件使用的沙林毒气是由日本奥姆真理教自行生产的。而奥姆真理教是为了报复政府才决定在日本的政治心脏东京，进行投放沙林毒气。在 1995 年 3 月 20 日上午 7 时 50 分，奥姆真理教头目指使多名恐怖袭击的成员分别对东京的三条地铁的千代田线 A725K 列车、丸之内线 A777 列车、丸之内线 B801 列车、日比谷线 B711T 列车、日比谷线 A720S 列车这五列地铁的 16 个站台进行恐怖袭击。在几列地铁中的乘客突然受到不明气体的刺激，出现瞳孔缩小、咳嗽、头晕并呼吸困难，甚至出现眼前发黑、呕吐、晕倒的现象。同时，在车厢内发现多处用纸包住的小包、塑料袋或小瓶，从中渗漏出挥发性液体。地铁指挥所最初没想到是有人放毒，指示工作人员登车检查、排除异物，结果检查人员也发生中毒。有的人还把异物带回办公室，引起办公室人员中毒。中毒者相继被人从十几个地铁站出口抬出，只见有的大口喘气、有的口吐白沫、有的神志不清，一个个痛苦不堪。此次事件造成几条地铁主干线被迫关闭，几十个地铁站受到影响，交通陷入一片混乱。在事故发生之后警方立刻封锁了奥姆真理教的总部，对其采取了行动。

3 月 22 日，2500 名警察和防化部队包围了上九一色村的奥姆真理教设施，用枪打开了三座大库房，发现各种化学药品和仪器，俨然是一座化学工厂。药品中有水溶液，三种制造沙林的原料，还有 4 个比煤气罐大得多的金属密封桶，里面装着可以稀释沙林的溶剂和其他化学制品。日本政府下令在全国搜捕奥姆真理教教主。奥姆真理教在日本所有的总部、支部都被秘密监控。除了较早时已以各种名义扣留的奥姆教骨干外，"奥姆帝国"的核心人物，包括麻原"天皇"、各部"大臣"，都在警方的严密监视之下。根据警方对其成员的调查和现场的调查发现了大量的证据，最终确定了该起恐怖事件是由奥姆真理教进行的恐怖袭击事件。

这起恐怖事件的发生促使了全球各国对公共交通的深刻思考，对类似于地铁这样的人员密集交通工具加强安保力量，规范乘坐人员的可携带物品和在入口处设置安全检查人员，借以加强对乘坐人群的安全保障。加强公共入口处的安保力量以后，许多国家还研发或者购买相应的检测仪器、处理设备，加强应急预案的设计，举行相关的安全演练等措施，力争做到事前预防、事中响应、事后处置的全方面应对。

3.3　毒气战的早期发展

由于一部分化学气体对人体具有严重的危害作用，比如氯气及其同族元素的氢化物对人体都有一定的危害作用。因此，化学武器是一种极具实战价值的大规模杀伤性武器，威力仅次于核武器。由于其获取的技术门槛较低，杀伤破坏力较强，一般被称为"穷人的原子弹"和"无声杀手"。现代意义上的化学战和化学武器，应该从第一次世界大战开始算起。

1914 年 10 月，德军和法军在战场上开创了使用刺激性毒剂的先例，标志着化学武器正式走向历史的舞台。在整个一战中，英、德、法等国一共释放了124kt 化学战剂。一战中最先使用化学武器的是法国。1914 年 8 月，法国军队向德军投掷催泪手榴弹。这种手榴弹里充满了溴乙酸乙酯（一种催泪毒剂），不过每枚手榴弹只能产生 $19cm^3$ 的催泪气体，浓度太低，以至于德军几乎没有觉察到对手"使了阴招儿"。从此之后在欧洲战场之上就开始使用毒气。当时溴的产量很低，所以法国人不久就把主要成分换成了氯丙酮。1914 年 10 月，德军向英军阵地发射了一种装有化学刺激物的炮弹。不过这种炮弹施放的毒剂浓度也很小，英军也没有觉察到。在战争中，不管是同盟国还是协约国，都不认为使用催泪弹违反 1899 年禁止使用化学武器的《海牙条约》。德国在开发和使用化学武器上下的功夫比较大。德军第一次大规模使用化学武器是在 1915 年 1 月 31日，那一天德军向俄军阵地发射了 1.8 万枚含有液态甲苄基溴（一种催泪气体）的炮弹，结果由于气温太低甲苄基溴全部冻住了，根本没有汽化，放毒的目的没有实现。同年 4 月 22 日，德军在第二次伊普尔战役中首次大规模施放氯气，给法国和阿尔及利亚士兵造成巨大的伤亡。此次战役成为化学武器进攻的首个成功案例。

1915 年，第一次世界大战期间，英国军工厂的工人给炮弹涂漆。1915 年 3月，德军最高指挥部根据当时形势被迫开了一个秘密会议，会上制订了一项阻止英法联军的作战计划。此后，德军便开始在国内紧急抢购氯气钢瓶。不到一个月的时间，近 6000 个大型号的氯气瓶堆放在德军设在柏林郊外的一个秘密工厂里。

在这个工厂中，德军士兵把这些钢瓶改头换面，改变钢瓶的外部性状，使其像是刚出厂的啤酒桶。很快，这些"啤酒桶"就被灌满了氯气，运到了伊普尔前线，被埋设在前沿阵地上。但是，暴雨连下了几天，"啤酒桶"全露出了地面。在对面的阵地上，英法联军指挥官通过阵前观察所发现德军阵地上一下子出现了那么多"啤酒桶"，顿时大惑不解。他们把这个情况报告了上去。其实，英法联军指挥部早就知道了德军往阵地上运去了大量的"啤酒桶"，指挥部那些高级将领们认为此举荒唐可笑。一家伦敦报纸还在 4 月 9 日的报纸上报道了这一消息，并在末尾讽刺德军是在"开玩笑"。这张报纸传到了伊普尔前线，官兵们看了，疑团顿时解除了，戒备心理大减。4 月 22 日上午，伊普尔前线阵地上，微微的东风吹动着小草来回摆动。几个德国士兵举着小红旗在观察风向风力。到了下午 3 点，风向突然转东，而且越刮越大，把树叶、枯草直往英法联军阵地上抛去。时机终于到了，只见德军战壕里许多士兵跑到"啤酒桶"前，迅速拧开了桶盖。在几千米长的战线上，5730 个"啤酒桶"全开了，但冒出来的不是啤酒，而是浓浓黄烟。顿时，在德军阵地前，宽 6km 的阵地正面上，出现了一人多高的黄绿色气浪。气浪紧紧地贴地而行，在风的推动下扑向英法联军阵地。英法联军看到德军阵地上突然出现的黄绿色烟雾，惊讶"啤酒桶"里怎么会冒出了烟雾！当烟雾迎面扑来时，英法联军官兵个个都吓呆了，紧接着一种难以忍受的强烈刺激性怪味弄得英法官兵死去活来，先是打喷嚏、咳嗽，流泪不止，后来就觉得空气没有了，像是掉进了大闷罐中一样。不一会儿，一个个英法官兵窒息倒地。那些在第二线的部队见此情景，纷纷丢下武器，爬出战壕，争先恐后地往后跑了。跟在黄色烟雾后面的德国步兵，没放一枪一炮就顺利突破了英法联军第一道阵地，把整个战线往前推进了 4km，夺回了失去的一些重要的制高点。在这次毒气袭击中，英法联军有 1.5 万人中毒，至少有 5000 人死亡。

德军随后遭到退到第二线的法军的顽强抵顽，另外再加上右翼加拿大第一师的猛烈反攻后，德军已无法继续前进。两天后，德军以同样方式用氯气攻击了加拿大第一师的阵地。此时，加拿大部队得到医官指示，在纱布、毛巾上撒尿，蒙在脸上过滤毒气。尿液里的尿素和氯气产生化学作用降低了致毒的效果。由于氯气密度高，大部分累积在战壕内，所以，许多加拿大的官兵是撤到战壕后面暴露的位置等待进攻的德军迫近。同时，德军的炮兵观察员也因为氯气和烟幕遮盖战场，无法指挥炮轰暴露的加拿大军。加拿大第一师就是这样撑住，直至英军其他的部队抵达增援。他们因为使用"尿布"战术，所以氯气直接导致的伤亡只有 228名。之后两军相互使用新型的毒气武器，其中以芥子气、光气、氯气为主，估计至少有 50965t 用于战争中。根据官方公布数字，在第一次世界大战中因化学武器战剂而造成的非致命性伤亡约 117 万 6500 人，至少有 85000 人死亡，在德国作家雷马克的小说《西线无战事》一书中对此有所叙述。5 月 24 日，德国发动了一次更为猛烈的毒气战，在密集炮火的掩护下，德军沿着 3km 长的战线，在伊普尔西南方向再次倾倒氯气钢瓶，施放氯气。毒雾很快吞没了伊普尔这座历史名城。虽然协约国士兵吸取了一个月来的教训，使用上了防毒面具，但由于这次氯气浓度太高，很多士兵还是中毒晕倒。长达 4h 之久的毒气袭击，让 3500 名协约国士兵中毒，丧失战斗力，德军轻而易举地占领了伊普尔。这场化学战引发交战双方大规模使用化学武器作为主要进攻和报复手段，并且导致化学战的规模越来越大。

1915 年 12 月 19 日，德军首次向英军使用英国人于 1812 年制得的窒息性毒气——光气（碳酰氯）。直到 1915 年 11 月，协约国才得知敌人是怎样做防毒面具的。加拿大军第七营，在一次堑壕袭击中，捉到了 12 个德国俘虏，他们的防毒面具被加拿大情报部门认为是一个很大的收获。1917 年，德国开始装填三氯硝基甲烷（氯化苦）。这种毒剂可引起呕吐。氯化苦在常温常压下是不溶于水的无色液体，且不与水发生反应。氯化苦能以吸入、进食及经皮肤进入人体。它对眼睛、皮肤和肺部均具有强烈的刺激性。实验证明其刺激性会使人不由自主地闭上眼睛；溅入眼睛之后，则会使角膜水肿甚至液化。氯化苦通常在施放其他窒息性和全身中毒性毒气（有使用氢氰酸的战例，但是氢氰酸的密度略低，因此难以维持战场上的浓度，因此使用量很小，二战期间只有日本使用了氢氰酸为毒气手榴弹装药，德国使用的旋风 B 为杀虫剂商品）前施放，氯化苦中毒后因剧烈呕吐迫使中毒者取下防毒面具，从而吸入光气导致窒息。

随着化学战的升级，德军在比利时战场对英法联军首次使用了芥子气，这种毒气是由德国人在 1886 年制得的。一战中，交战双方共生产芥子气 13500t，其中12000t 用于实战。希特勒作为参战士兵曾在一战中遭到英国军队的芥子气炮弹袭击而眼睛暂时失明。一战中，参战国共生产了约 180kt 毒剂，其中 113kt 被用于战场，约有 130 万交战人员被各种毒剂杀伤，因化学武器战恐惧症而失去作战能力的人员近 260 万。芥子气可引起人的机体多方面损伤。战时无防护情况下，常同时出现眼、呼吸道及皮肤损伤，并且通过吸收引起全身中毒。在第一次世界大战中共有 12000t 芥子气被消耗于战争用途；因毒气伤亡的人数达到 130 万人，其中 88.9% 是因芥子气中毒。

早在 1899 年的时候，由于军备竞赛日益加重，世界上主要国家就在海牙进行谈判，想搞一个对大家都有约束力的法案出来，这就是《海牙公约》。这一公约包括《禁止使用专用于散布窒息性或有毒气体的投射物的宣言》，可以说，当时的政治家已经预感到了化学武器可怕的危害程度。但是，到 1916 年的时候，协约国和同盟国都开始公开使用化学炮弹，《海牙公约》彻底失效了。自从毒气战争开始之后，有当时的同盟国与协约国都因为毒气遭受了巨大的损失，因此为了士兵的健康与安全、避免社会舆论，开始逐渐达成协议避免使用毒气。

3.4 伦敦烟雾事件

伴随着进入 20 世纪，工业进程的加剧，随之而来的便是空气污染问题。早在 20 世纪中叶，全球爆发过几次严重的空气污染事件，其中伦敦烟雾事件就是因为空气污染形成的。1952 年的伦敦烟雾事件，就是因为汽车尾气及工业排放的有毒有害气体造成的。在 1952 年 12 月 5 日至 8 日，地处泰晤士河畔的伦敦被一场大雾笼罩，再加上当时无风，使伦敦市上空的烟雾积聚不散，致使空气中烟雾弥漫，能见度极低，使飞机航班取消，汽车行驶需要打开雾灯，行人走路困难。由于空气中的污染物浓度不断上升，许多人感到呼吸困难，出现眼睛刺痛，胸闷、窒息等症状，使伦敦在数天内死亡人数高达 4000。当时伦敦市内的得奖牛展览中的 350 头牛也因为空气污染惨遭劫难，其中有一头牛当场死亡，52 头严重中毒，14 头牛奄奄待毙。在烟雾散去的两个月之后，由于空气污染的原因导致了 8 千人陆续死亡。伦敦烟雾事件的发生不仅仅是空气污染严重，还与当时的天气息息相关。

伦敦烟雾事件发生在 1952 年 12 月 5 ~ 8 日，而 12 月 3 日伦敦正处于一个巨大的反气旋，也就是高气压地区的东南边缘。高空中的风绕高压中心以顺时针方向吹着。12 月 4 日这个反气旋沿着通常的路径移向东南方，其中心在伦敦以西几百公里，此时风向已稍微偏转，从西北偏北的方向吹来，风速比原来慢了。在随后的几天由于风速几乎为零，阴云层就直接停留在伦敦市上空。几层阴云遮蔽了天空，它们把太阳和天空统统遮住，形成了一个巨大的如同锅盖一样的浓云，伦敦工业区和生活区燃烧的灰尘颗粒物、硫氧化合物以及其他的多种污染物，飘散到空中之后与伦敦上空的阴云层迅速混合到一起。从 12 月 4 日起伦敦的空气中就开始充满着浓厚的烟气味道，空中的大颗粒污染物由于重力的作用，开始沉降落在伦敦市区的街道、屋顶，以及人们的衣服、帽子上。较小的颗粒飘浮在空气中，对于一些微粒则开始通过门窗缝隙进入户内。因此伦敦全市户内外的空气都达到了严重的超过了可健康呼吸的标准。12 月 5 日，高压中心几乎已经移到了伦敦上空。大雾降低能见度，以至使人走路都有困难。烟的气味渐渐变得强烈，风太弱，不能刮走烟筒排出的烟。12 月 6 日，伦敦市上空的阴云层及高压中心依旧没有移动，导致空气中的颗粒物、污染物进一步堆积，使空气的情况进一步恶化。在 12 月 6 日浓雾将伦敦整个市区遮盖，城市处于反气旋西端，空气浓见度下降到仅有十几尺，导致了当时伦敦的飞机航班关闭，城市中除了一部分经验丰富的司机能够驾驶汽车外剩下的司机都无法开车，导致了只有人员在人行道上行走。空气流动太慢，慢到不足以转动风速表上的转针，风速不超过每小时二三千米。当空气停滞不动地浮悬在城市上空时，工厂的锅炉、住家的壁炉及其他冒烟的炉子往空气内添加尘埃和颗粒物。雾滴混杂上烟里的一些气体和颗粒，雾不再是洁净的雾了，也不再是清洁的小水滴了，而是烟和雾的混合物，因此出现了称之为"烟雾"的混合物。当时伦敦正在举行得奖牛展览，由于动物对空气状况的感知比人类敏感，因此当时正准备在伦敦展出的一群获奖牛出现了呼吸困难、舌头外伸，其中一头当即死亡，另有数头因病重只能送往屠宰场。在 12 月 7 日和 8 日伦敦上空的云层依旧没有发生改变，空气中的污染物颗粒物依旧不断攀升，导致了市区部分市民（老人和病人）出现了呼吸困难的情况，医院里开始充满了大量的烟雾受害者，更有甚者因为烟雾而丧命。12 月 9 日、10 日由于风速的改变，有风从其他地方吹过来，导致空气发生好转。在 12 月 10 日一个冷锋通过英格兰西风带来北大西洋空气，将伦敦上方的阴云吹散，伦敦市区的空气也开始逐步恢复了正常。根据对伦敦烟雾事件的事后统计发现，在烟雾持续的四天之内死亡环比上升 4000 人。其中死亡最多的年龄段在 45 岁以上，是平常的 3 倍，而一岁以下的婴幼儿死亡率是平常的 2 倍。事件发生的一周中因支气管炎、冠心病、肺结核和心脏衰弱死亡者，分别为事件发生前一周同类死亡人数的 9.3 倍、2.4 倍、5.5 倍和 2.8 倍。肺炎、肺癌、流感及其他呼吸道病患者死亡率均成倍增加。2 个月后，又有多人陆续丧生。伦敦烟雾事件的发生与当时天气状况和伦敦的产业结构息息相关。当时伦敦冬季取暖燃料和工业排放的烟气是形成此次烟雾事件的罪魁祸首，12 月的高空逆温层是推动烟雾事件走向巅峰的幕后推手。

在 20 世纪中叶，伦敦是一个高度发达的工业城市，高度依赖煤炭，煤炭就是当时伦敦这个工业巨轮的动力来源。不论是居民冬季取暖还是发电，都以煤炭作为燃料，然而煤炭燃烧的时候会产生大量的水、二氧化碳、一氧化碳、二氧化硫、二氧化氮和其他的碳氢氧氮化合物，除此之外还会产生大量的颗粒物。这些物质对人体的呼吸系会造成损伤，会导致支气管炎、肺炎、心脏病的高发。当时的逆温层使伦敦这个城市排放的空气污染物和颗粒物无法通过天空中的气流带走，阻止了外界新鲜空气进入伦敦市区，使伦敦仿佛成了一个毒气室，再加上烟雾事件期间依旧不断地向空气中排放污染气体，使空气进一步恶化。而且当时伦敦市区所需要的电力全部需要当时的火力发电厂提供，致使空气的污染日趋严重。

在这次严重的烟雾事件过后的 10 年，伦敦又再次发生了这样的事件。直到 70 年代后，伦敦市内改用煤气和将火力发电站迁出城外，伦敦的烟雾事件才就此远离。人类进入 20 世纪之后，工业发展迅速，促进了工农业的飞速发展，与之而来的环境问题，空气问题也层出不穷，出现了伦敦事件这样恶劣的环境问题，为了避免这样事件的发生欧美等发达国家逐渐将高污染的工厂企业外迁，然而伦敦事件的警示使许多国家不得不重视环境问题，也逐步地完善相关的法律法规。除此之外，为了保证工人的身体健康也出台了一系列的防护标准，对呼吸器、口罩等的要求越来越严格。现在居民对周围环境的空气质量也高度关注，比如在雾霾天气出行大部分都选择佩戴口罩。

3.5　巴西库巴唐事件

　　根据在 20 世纪的统计，巴西的库巴唐因为工业产业中排放的大量的硫氧化合物造成了空气中硫氧化合物浓度超标，最终在空气中形成了酸雨，导致巴西库巴唐城镇成为一个"死亡之谷"。在 20 世纪，库巴唐是巴西的一个重要的工业城镇，同时库巴唐也是位处巴西的圣保罗附近，城市的占地面积一度高达 142km²。为了满足巴西对工业的发展的需求，库巴唐城镇在 60 年代，大力引进炼油、石化、炼铁等多种外资企业。而当时的企业的冶炼工艺不成熟，巴西当局对环境的关注较差，而为了获取更大的经济效益，降低成本，一大部分的工厂随意排放废气废水。这些操作导致库巴唐城镇迅速浓烟弥漫，空气中充斥着一股酸臭的气味。当时城镇的居民对空气中的污染气体也不在意。据当时的统计，库巴唐城镇居民患呼吸道疾病的比例高达 20%，医院中也充满了大量接受吸氧治疗的老人和孩子。

　　在 1984 年 2 月 25 日，由于输油管道的破裂，燃油的在空气中燃烧，次年一月的化肥厂的 50t 氨气泄漏，最终导致了 30 人中毒，8000 人撤离，随后空气中的硫氧化合物超标，遇到了空气中的水汽形成了酸雨导致该地的森林大量枯死，贫民窟被摧毁。这只是硫氧化合物对库巴唐的影响，由于当时空气中的有毒有害气体大量超标，使周围城镇也受到了不同程度的影响。由于空气污染，导致库巴唐这个地区的空气、土壤以及水源受到了污染，这些污染对这一地区的居民生命产生了巨大的威胁。当时的库巴唐及库巴唐附近的桑托斯等地区的居民大量患肺癌、咽癌、口腔癌等呼吸系统疾病和神经系统疾病。其中库巴唐的新生儿出现了先天的畸形，部分畸形儿童没有脑袋。库巴唐工厂生产的时候，工厂的烟囱不断地向空气中散发废气，导致了库巴唐的空气质量严重下降，而其中的工作人员、居民也忽视了空气防护的重要性，以致最终造成了库巴唐巨大的经济损失、人员伤亡、环境破坏。

　　从 20 世纪 80 年代的库巴唐事故中可以看出，在为了兼顾经济发展的化工业中，即使工人工作环境中的硫氧化合物未达到电击样死亡（高浓度的二氧化硫会使接触人员如同接触高压电般瞬间死亡)的浓度或者短时间内未处在该空间中致死的浓度以上,也需要重视工人的工作环境,为工人提供相应的呼吸防护工具,同时还要对工厂附近的居民生命生活安全负责,将空气中的有毒有害气体浓度,特别是硫氧化合物浓度降低到排出以后对生物无害的程度。库巴唐的惨剧作为人类历史上最严重的硫氧化合物毒害灾难让全体人类牢记,为人类工业文明的发展提供了前车之鉴,其悲惨的后果为我们敲响了警钟,是悬浮在头顶的达摩克利斯之剑,这使全体人类时刻思考如何才能实现全体人类的健康发展。

3.6 美国多诺拉烟雾事件

美国多诺拉烟雾事件与伦敦烟雾事件相似,都是一起严重的空气污染事件。美国多诺拉烟雾事件在 1948 年 10 月 26 ~ 31 日发生在美国的宾西法西尼亚匹兹堡市南边的多诺拉镇。这个美国的工业小镇在当时大概有 14000 人,城镇坐落在孟农加希拉河的一个马蹄形河湾内侧。沿河是狭长平原地,两边有高约 120m、坡度为百分之十的山岳。多诺拉镇与韦布斯特镇隔河相对,形成一个河谷工业地带。在这个狭长的河谷工业地带坐落着许多工厂,这些工厂中污染最严重的是其中的钢铁厂、硫酸厂、炼锌厂。随着大城市匹兹堡和邻近城镇的发展,工厂亦如雨后春笋般拔地突起,蔚蓝的天空逐渐失去其真面目。工厂烟囱冒出的烟数量不断增加。小汽车和大卡车的排气管冒出的烟使这里的空气渐渐失去透明度。连周围残存的一点自然景色也被蒙上了一层薄雾。长期以来,这些工厂的烟囱向空气中排放着许多废气。由于这些工厂处于河谷地带,排入空气的许多有害气体都会混入河谷上方的浓厚云层中,随后空气中的气流流动可以将云层的有害气体随同云层一起带出去,因此该地的居民受污染的程度大规模降低。

然而幸运不可能一直照顾这片河谷,在 1948 年 10 月 26 日,一个高压区移过宾夕法尼亚州西部的上空,并且在接下来的 5 天之内保持不动。在最低的 600m 的大气层内,风力十分微弱,大多数的时间为静风状态,只是在短时间内风力有微小的增高,气压层处于"热稳定"状态,空气很少有上下的垂直移动。地处山谷底部的多诺拉比周围地势低约 120m。在 1948 年 10 月 26 日到 31 日之间，逆温覆盖了山谷。这样，排出的烟大量封闭在山谷内壁和逆温顶部之间。根据当时的文献记载，对这次事件的描述是这样的："10 月 27 日清晨，烟雾覆盖着多诺拉，气候潮湿寒冷，阴云密布，地面处于死风状态，整个这一天和第二天就这样笼罩在烟雾之中，而且烟雾越来越稠厚，几乎是凝结成一块。在午后视线也仅仅能看到街的对面，除了烟囱之外，工厂都消失在烟雾中。空气开始使人作呕，甚至有种怪味。这是二氧化硫的刺激性气味。那天每个外出的人都明显感觉到这一点，但并没有引起警觉。二氧化硫的气味是在燃烧和熔炼矿物时放出的，在多诺拉的每次雾期中都有这种污染物，只是这一次看来比平常更为严重些。两天过去了，天气没有变化，只是大气中的烟雾越来越厚重，工厂排出的大量烟雾被封闭在山谷中。空气中散发着刺鼻的二氧化硫气味，令人作呕。空气能见度极低，除了烟囱之外，工厂都消失在烟雾中。随之而来的是小镇中约 6000 人突然发病，其中有多人很快死亡，情况和当年的马斯河谷事件相似。"

在此次事件过后，美国联邦公共卫生局在事件发生后的两个月内就迅速地进行调查，调查结果如下：5 天之内，空气污染积累到了极为严重的程度。事件发生期间，多诺拉发病人数共 5991 人，初期症状是呼吸道、眼、鼻、喉感到不适。轻度患者占居民总数的 15.5%，症状是眼痛、喉痛、流鼻涕、干咳、头痛、肢体酸乏；中度患者占 16.8%，症状是咳痰、胸闷、呕吐、腹泻；重度患者占 10.4%，症状是综合的，各种症状中咳嗽是最普通的。调查证明，发病率和严重程度与性别、职业无关而与年龄有关。患者年龄在 65 岁以上的超过 60%；死亡 17 人，年龄介于 25 岁和 84 岁之间，平均 65 岁。死者有一个共同点，即原来都患有心脏或呼吸系统疾患。尸体解剖记录证明死者肺部都有急剧刺激引起的变化，如血管扩张出血、水肿、支气管炎、含脓等。由于在事件发生的时候对于这个河谷地带的多诺拉城镇监测的缺失，导致只能根据事后测监数据来推测多诺拉烟雾事件的实际情况，根据美国联邦公共卫生局的推断二氧化硫浓度大概在 $0.5 \sim 2.0 \mu L/L$，并存在明显尘粒。据此，有人认为正是由于小镇上的工厂排放的含有二氧化硫等有毒有害物质的气体及金属微粒在气候反常的情况下聚集在山谷中积存不散，这些毒害物质附着在悬浮颗粒物上，严重污染了大气。人们在短时间内大量吸入这些有毒的气体，引起各种症状以致疾病成灾。在 10 月 30 日这片河谷迎来了一场雨，将多诺拉城镇的空气净化，使空气中的有毒气体和颗粒物大量沉降，为多诺拉城镇带来了新鲜的空气。

这次的多诺拉烟雾事件与 1930 年的比利时马斯河谷烟雾事件的形成高度相似，以及与后期的伦敦烟雾事件一样，都是由于空气中污染物的排放超标与空中的气旋及逆温层的共同作用造成了这类烟雾，都是由于工业排放烟雾引起的大型空气污染公共事件。为了避免这种大型的大气污染的事件，世界上的许多国家都开始了对工业行业的要求，并且对工人的工作环境进行严格要求，保护工人的身体健康。

3.7　印度博帕尔事件

印度博帕尔事件是 1984 年在印度博帕尔地区发生的一起重大农药化工生产原料(异氰酸甲酯)大量泄漏事件。在这次事件中毒气泄漏的时候立即造成了 3600 多人丧生、20 多万人中毒，其中 5 万多人双目失明，该市的大部分人员肺部严重受损。因此这次事件又被称为二十世纪最可怕的一次有毒物质泄漏事故。

异氰酸甲酯(MIC)，是一种无刺鼻臭味、催泪瓦斯味的液体，常作为有机合成原料，用作农药西维因的中间体。异氰酸甲酯为易燃的剧毒性液体，具有易爆性、禁水性。在工业中通常把异氰酸甲酯看作一种有机合成的中间体，在高分子工业中，用以合成聚异氰酸酯、聚氨酯类、聚脲树脂和高聚物胶黏剂等。在农药工业中，用以合成西维因、涕灭威、呋喃丹等杀虫剂和杀草丹、燕麦敌等除草剂。在分析化学中用以鉴定醇类和胺类化合物。除此之外，还可用来改进塑料、织物、皮革的防水性。而印度博帕尔事件中泄漏的异氰酸甲酯就是用来生产维它因、滴灭威等农药的化工原料，而且当时泄漏的异氰酸甲酯的质量高达 45t。根据对该物质的实验室测定发现异氰酸甲酯具有急性毒性，对生物体具有致使基因突变的效果，会引起生物体的肌肉骨骼系统畸形，对生物体的细胞结构进行破坏。从医学的角度来说，这种气体能引起肺部的纤维化，从而使小的支气管堵塞；可以破坏眼球角膜，使角膜溃烂和结疤，最后致瞎；对生物体的呼吸系统、神经系统均会造成不同程度的破坏。而且异氰酸甲酯的日常维护难度极大，它与水、醇类、强碱、酸类、强氧化剂严禁接触，而这种物质一旦分解就会生成一种剧毒的氰化氢。碳钢与 MIC 不相容，铁锈(Fe_2O_3)会使 MIC 三聚放热反应加速，并且该反应生成的沉淀物会造成管线堵塞，因此在 MIC 的生产中最好是用不锈钢。因为异氰酸甲酯的沸点比酒精还低，在 37～40℃ 之间，蒸气密度比空气略大，因此保存的异氰酸甲酯液体一旦泄漏，会迅速液化悬浮在地表，对生物体造成巨大的伤害。事实证明的确如此。

1984 年 12 月 3 日凌晨，位于印度博帕尔市郊区的美国联合碳化物公司的农药厂存储的异氰酸甲酯由于操作与设计的失误导致存储异氰酸甲酯的容器破裂，溢出一股股白色毒气并喷射出来，迅速向四周扩散，45t 异氰酸甲酯泄漏殆尽。外泄的毒气迅速蔓延，由于当时处于夜间，博帕尔市区的许多市民都处在睡觉状态，许多人在睡梦中死去。在茫茫的黑夜中，人们感觉窒息难忍，陷入极度恐慌和混乱中，很多人出现头晕目眩、恶心呕吐等中毒症状。中毒严重的失去知觉，瘫倒在地上，再也站不起来。据次年 9 月份报道，博帕尔事件的受害者，不但受到呼吸器官、消化系统及心血管系统的病变的折磨，而且他们中有 21% 的人患了精神分裂症，经常产生自杀的念头，患有这种病症的人数还在不断增加。

根据事后对该起事故的调查和事故幸存者的回顾发现：1984 年 12 月 2 日 21 时 30 分，当工人在清洗管路时，本应隔绝化学物质的盲板不见了，有一个存储了超过安全规范存储量 25% 的 MIC 储存罐，流入了约 4000L 的水。当 MIC 与水接触时，会产生极大的危险，引发不可控制的反应，温度上升，进而沸腾汽化，加上其他化学物质，反应会更剧烈。水中只要有微量金属，都会造成致命危险，储槽内没有安装降低反应速度的制冷设备。12 月 3 日 0 时 05 分，工厂的工人发现微量气体外泄，并打电话上报。控制室操作员前往仓储区，发现了气体外泄，但认为是轻微外泄没有重视。再次打来电话时，控制室的化学物质储槽的压力破表。0 时 20 分，仓储区温度很高，水泥仓储防护层破裂。同时，气体流入工厂的复杂管路中。0 时 30 分，操作员执行紧急程序。第一道安全系统是洗涤塔，外泄气体会被导入大型瓶状气槽，通过苛性钠将外泄的气体惰化，从而解除有害气体毒性，而当晚仪表显示喷射设备没有起到作用。第二道防线是燃烧塔。MIC 非常易燃，燃烧塔应该会烧掉没被中和的 MIC，当晚燃烧塔因未及时更换也处于故障中。最后一道是紧急排气烟囱附近设有水管，MIC 会溶于水中，降到地面。洒水系统设计高度为 15m，而 MIC 毒气的喷射高度可达 33m，水帘无济于事。

0 时 56 分，东南风将云气直接吹向了 50 万居民。

除此之外，位于印度中央邦博帕尔市的美国联合碳化物公司农药厂的管线设计、仪表位置以及材料的选用存在不合理，当事故发生前的几个月印度国内市场对于该工厂的产品需求减少，1983 年工厂的销售额下降了 23%。在本次事故发生之前，由于市场需求疲软，工厂停产了 6 个月。管理层做出重大决策，以牺牲安全性来省钱。为节约成本，管理人员只好降低安全费用，缩短员工的培训时间，将操作人员的培训时间由 6 个月减少至 15 天；技术人员相继被解雇，频繁裁减人员致使关键安全设备如隔离 MIC 的盲板经常被遗忘；仪表老化，仪器不准，长期以来无人维修、更新，致使没人发现槽内发生化学反应；操作工由 12 名减少到 6 名，不再设班组主管；对化学处理装置偷工减料，在两个化学处理装置间安装了跨接管线，使操作员可以交替使用两端的装置，造成了水与 MIC 的接触；减少对工艺设备的维护与维修，长期疏忽安全系统、关键安全设施的维护、维修与更新，应该负责的维修监督员也被裁撤了；停用了发生事故的 MIC 储罐冷冻系统。该农药厂的一系列操作导致了事故发生之后缺乏专业人员的处理，使灾害加剧。

博帕尔事件发生后引起了全世界的广泛关注，对化工企业生产的规程及监管进一步加强，同时博帕尔事件永久地改变了化工行业的工艺安全管理方法，强化了对这种化工事件的预防与检测。随后 20 世纪后半叶，发达国家的公害问题得到广泛关注，因此制定的环境标准越来越高，其结果导致很多大型企业把目标转向环境标准较低的发展中国家，并在这些地区建立生产装置。伴随着近数十年的发展，安全生产已成为当今社会经济发展、社会文明进步的象征，往往在许多重大经济技术决策中处于核心地位；同时，安全生产也反映出一个国家和地区社会经济运行质量的好坏。很多西方公司已经从博帕尔事件吸取了教训，而且在化工领域的安全标准已得到极大改善，再次发生"博帕尔事故"的可能性已不大。

近些年在中国及亚洲一些发展中地区，市场需求进一步扩大，这些地区正成为西方投资者热衷的投资对象。化工生产已成为这些地区经济增长的生命线。因而为了避免类似博帕尔惨案的事件，对这些企业的设立有了进一步的考虑，并对选址进行规划，选择恰当的建设地点、配套完备的安全生产保障设施等都应引起有关方面足够的重视。发展中国家和地区要想在这些方面达到先进工业化国家的水平, 实现全面安全生产和职业健康状况的根本好转, 还需要进行长期艰苦不懈的努力。对工厂工人的工作环境以及空气质量的监督加强, 保证了工人及居民的呼吸健康和生命安全。

3.8　SARS 事件

在世界上, 有许多次大型的经空气传播的病毒引起的疫情, 不算此时正在经历的新型冠状病毒, 距现在最近的疫情事件就是 2003 年的非典型肺炎, 这起事件又被称为 SARS 事件。这起事件发生在 2002 年的中国广东, 并扩散至东南亚乃至全球, 直至 2003 年中期疫情才被逐渐消灭。

2002 年 12 月 5 日或 6 日, 在深圳打工的河源市人黄杏初感觉不舒服, 就像是风寒感冒, 于是到附近的诊所看病。到 8 日的时候, 他感觉在诊所的治疗效果不好, 就到了医院去打针, 13 日一直不好, 就回到河源市, 治疗几天, 比在深圳时的症状又严重了一些, 16 日晚上 10 点多钟被送到河源市人民医院, 第二天病情加剧, 呼吸困难, 被送到原广州军区总医院。世界首例病人黄杏初发病后住院, 2003 年 1 月 2 日, 河源市将有关情况报告省卫生厅, 不久后中山市同时出现了几起医护人员受到感染的病例, 广东省派出专家调查小组到中山市调查, 并在 2003 年 1 月 23 日向全省各卫生医疗单位下发了调查报告, 要求有关单位引起重视, 认真抓好该病的预防控制工作。2003 年 1 月 12 日起, 个别外地危重病人开始转送到广州地区部分大型医院治疗。截至 2003 年 2 月 9 日, 广州市已经有一百多例病, 其中有不少是医护人员, 在广州市发现的该类病例中共有 2 例死亡。此时国家卫生部对广东发生的病例开始关注, 派出由马晓伟副部长率领的专家组于 2 月 9 日下午飞抵广州协助查找病因, 指导防治工作。2003 年 2 月 11 日上午, 广州市政府召开新闻发布会公布广州地区非典型肺炎情况, 称所有病人的病情均在控制当中。强调对于广州千万人口 300 多人染病是个很小的比例, 非典型肺炎只是局部发生, 河源中山等市已无新发病例报告。还解释了 2 月前, 没有公布情况的原因是: 河源中山等地的患者经过治疗大多已康复或好转没有再发病, 非典型肺炎并不是法定报告传染病, 而发病人数只有 305 例。负责人强调会按传染病法公布疫情。由于在事件的前期，中国广东对这次的疫情重视程度不足，还依旧组织一系列的大型活动、旅游活动等人员密集型活动。最终在2003年4月上旬，中国的官方媒体对SARS病例的报道已经开始逐渐增多。而4月1日，美国政府召回了所有驻香港和广东的非必要外交人员及其家眷。美国政府同时也警告美国公民，除非必要不要到广东或香港访问。瑞士政府也禁止香港厂商参加即将举行的瑞士钟表展，担心病情会扩散到瑞士。4月2日，中国政府承诺会与世界卫生组织全面合作。中国向WHO申报了所有案例。中国广东省3月份有361起新病例，9人死亡。同时，中国的北京、山西、湖南也有人感染。但中国卫生部表示，广东的病情已经基本得到控制。世界卫生组织也进入广东地区了解疫情，并建议游客不要到香港和广东旅行或办公。4月3日，世界卫生组织的专家到达广东，视察病情并与当地专家讨论疫情发展情况。4月5日下午，中国卫生部副部长马晓伟在广州会见了世界卫生组织的五名专家。由于这是新中国成立以来的第一次大规模的疫情事故，因此随后在几个月之内，中国政府与世界卫生组织的指导下进行疫情防控。随后根据国内疫情的具体情况，将许多公共大规模聚集事件延迟举行，确保疫情不会进一步扩大。最终在2003年7月13日，全球非典患者人数、疑似病例人数均不再增长，此次非典疫情基本结束。

虽然非典型肺炎疫情最终结束了，但是这场疫情在当时对中国造成了巨大的影响，导致了中国大陆多所大学的正常教学进度被打乱，北京市的中小学全面停课，不过6月举行的全国高考并没有延后举行。全国很多省市都实行了中小学全面停课，很多地区改变了以往的考试执行顺序以适应特殊时期。在SARS疫情结束后，中央政府宣布大幅度增加卫生防疫经费投入，在全国建设各级疾病预防控制中心，特别是增加了对农村地区的经费投入。中共中央政治局常委、国务院总理温家宝则视察了疫情最严重的广东，并高度重视当地防疫专家院士的建议。此外，中央政府还公开扶植中医药行业，在公开场合宣扬中医药在治疗SARS的过程中发挥的作用，要求各级医疗体系必须配备中医。

由于2003年SARS事件的感染病毒是冠状病毒的一种，具有高传染性，在进行日常的交流中，病毒就可以通过口鼻中飞出的飞沫进行感染，因此世界卫生组织（WTO）决定将其定为全球大流行病。随后世界卫生组织立即制定合适的医疗措施，指导各个发展中国家应对SARS病毒。根据研究发现，SARS病毒呈球形，直径在 100nm 左右，是有包膜的单股正链 RNA 病毒，是已知的最大 RNA 病毒。与其他的冠状病毒一样，SARS 病毒包膜上也有排列较宽、形如日冕的刺突蛋白（Spikeprotein）。根据当时患者的症状发现，患者临床上表现为缺氧、38℃ 以上高热、呼吸加速或呼吸窘迫综合征、气促等，X 片表现为肺部不同程度改变。SARS 是一种起病急、传播快、病死率高的传染病，被传染的病人多数都与患者直接或间接接触，或生活在流行区内。根据对实际的患者进行观察发现 SARS 的潜伏期约 2~14d，中位数 7d。起病急，以高热为首发症状，70%~80% 体温在 38.5℃ 以上，偶有畏寒，可伴有头痛、关节酸痛、乏力，有明显的呼吸道症状包括咳嗽、少痰或干咳，也可伴有血丝痰。重症病例发生呼吸衰竭、ARDS、休克和多脏器功能衰竭，也有 SARS 病例并发脑炎的症状和体征。这些症状导致了患者在日常生活中会由于呼吸系统的不适，通过口鼻喷出大量的飞沫，患者体内的病毒将会附着在飞沫上造成更大范围的人群的感染。因此为了避免这种现象的发生，除了建议接触未知情况的健康人员做好个人的卫生工作外，还建议 SARS 疑似患者在家与其他人接触时戴上外科面罩。如患者不能戴外科面罩，那么家庭成员在与其接触时应戴上外科面罩。最终在许多的预防措施之下，SARS 病毒在 2003 年 8 月才被消灭。我国根据在非典疫情期间的医疗机构以及其他基层的预防机构的反馈情况将我国的公共卫生响应体系进行完善，促使我国医疗机构提高对普通流感事件的重视程度。除此之外，也促进了我国的医疗卫生产业的发展。

参考文献

[1]张帆. 伤心地下铁——国外几例典型地铁事故[J]. 湖南安全与防灾，2014，373（6）：31-32.

[2]木子. 炼狱之火噩梦难除——韩国大邱地铁纵火案透视[J]. 湖南安全与防灾，2009，（11）：34-36.

[3]克辉. 炼狱之火噩梦难除——韩国大邱地铁纵火案透视[J]. 河南消防，2003，（04）：13-15.

[4]王新斋，霍鲁鹏，王惠敏. 日本东京地铁沙林毒气事件回顾及教训[J]. 人民军医，1999，（01）：3-4.

[5]赵石楠.东京地铁沙林毒气案[J].职业卫生与应急救援,2018,36(1):73-76.

[6]吴寄南."安全世界"还是"恐怖列岛"——对东京地铁毒气事件的思考[J].国际展望,1995,(07):12-15.

[7]王福东,王慧飞.地铁化学恐怖突发事件应急处置研究[J].中国应急救援,2009:27-29.

[8]苏俊峰,丁日高.轰动世界的东京地铁沙林袭击事件案专题研究报告[J].中国药理学与毒理学杂志,2003,316-317.

[9]金博文.1952年英国伦敦烟雾事件原因探析[J].安庆师范学院学报(社会科学版),2014,33(02):87-90.

[10]张庸.英国伦敦烟雾事件[J].环境导报,2003,(21):26.

[11]刘光生.冬雾与污染——从英国伦敦烟雾事件谈起[J].重庆环境保护,1982,(01):48.

[12]安禾生.1948年美国多诺拉烟雾事件[J].环境,2005(04):78-79.

[13]张庸.1948年美国多诺拉烟雾事件[J].环境导报,2003(20):31.

[14]自然之友.盘点世界著名空气污染事件[J].科普童话,2014(12):11.

[15]王梦蓉.印度博帕尔灾难事故的启示[J].现代职业安全,2013,145(9):92-95.

[16]葛建中,王适兴,刘哲生,等.化学灾害事故医疗救援的计划与实施[J].中国工业医学杂志,2002,(05):314-315.

[17]印度博帕尔毒气泄漏事故再反思[J].劳动保护,2015,479(5):80-82.

第 4 章　呼吸系统的重要性

4.1　呼吸系统的致病机理

在人体的各种系统中，呼吸系统与外部环境接触最频繁且接触面积大，为机体提供新陈代谢的需要。成年人在静息状态下，每日有 12000L 气体进出于呼吸道，在 3 亿 ~7.5 亿肺泡（总面积约 $100m^2$）与肺循环的毛细血管中进行气体交换，从外界环境吸取氧，并将二氧化碳排至体外。在呼吸过程中，外界环境中的有机或无机粉尘，包括各种微生物、异性蛋白过敏原、尘粒及有害气体等皆可吸入呼吸道肺部引起各种病害，影响我们的呼吸系统正常工作。这些外界环境中的有机或无机粉尘等因子会通过呼吸系统进入身体的各个部位，对人的身体造成伤害。

4.2　常见的呼吸系统疾病

呼吸系统疾病是一种常见病、多发病，主要病变在气管、支气管、肺部及胸腔，具有发病率高、致残率高、病死率高等特点，是我国面临的重要公共卫生问题，比如我国所经历的非典型肺炎以及现今所面临的新型冠状病毒肺炎都是通过呼吸道传播引起的呼吸系统疾病。呼吸系统的疾病是非常多的，而在日常生活中常见的呼吸系统疾病主要有感冒、哮喘病、气管炎、支气管炎、慢性阻塞性肺部疾病、肺心病、肺结核等，其中部分病毒还具有传染性。而现在，国内外因为空气污染日益严重对呼吸系统疾病的研究逐渐趋近成熟。根据相关部门的研究发现，空气的状况对呼吸系统患病情况有重大的影响，比如根据 Cao J 对西安的科学研究发现，该地区 $PM_{2.5}$ 每升高一个四分位数间距，人群的总死亡率将增加1.8个百分点。

4.3　呼吸系统疾病的常见症状

呼吸系统的疾病种类有很多，所以症状也各种各样，但其常见的症状一般表现为鼻塞、流涕、咽痛、咽痒、咳嗽、咳痰、胸闷、胸痛、咯血、气短、喘息、呼吸困难、尘肺等，这些症状为呼吸系统疾病的诊断提供了依据。对于呼吸系统疾病的治疗，一定要及时才行，在出现此类症状后，及时地去医院做呼吸系统检查，根据个人的情况采取具体的治疗手段。

以下是各类呼吸系统疾病的详细症状：

（1）哮喘病：反复发作的喘息、气促、胸闷和咳嗽等症状，多在夜间或凌晨发生。

（2）气管炎：长期咳嗽、咯痰或伴有喘息为主要特征。本病早期症状较轻，多在冬季发作。

（3）支气管炎：以咳嗽、咳痰或伴有喘息及反复发作为特征。又分慢性支气管炎和急性支气管炎两种。

（4）慢性阻塞性肺疾病：一种不可逆的慢性肺部疾病，包括两类：慢性支气管炎及肺气肿，是一种可以预防可以治疗的疾病。

（5）肺心病：由肺部胸廓或肺动脉的慢性病变引起的肺循环阻力增高，致肺动脉高压和右室肥大，或伴有右心衰竭的一类心脏病。

（6）肺结核：病理特点是结核结节和干酪样坏死，易形成空洞。临床上多呈慢性过程，少数可急起发病。常有低热、乏力等全身症状和咳嗽、咯血等呼吸系统表现。

（7）肺炎球菌肺炎：有寒战、高热、胸痛、咳嗽和血痰等症状。

(8)厌氧菌肺炎：痰液或胸液有恶臭。

4.4　呼吸系统疾病对人体的危害

呼吸系统疾病是人体各大系统疾病当中比较重要的系统的疾病。由于肺脏占有一个比较特殊的作用，首先肺脏所吸收的氧气能够提供于人体的各系统、各器官以及各组织。另外肺脏的血流是非常丰富的，循环全身的血液，都要经过肺脏的心肺循环，所以当肺脏发生疾病之后，它不仅影响呼吸系统，而且也可以作用于其他的系统。比如严重肺炎的患者可能肺部局部感染病灶，这些毒素经过肺脏的血管吸收入血之后，可以作用于心脏、肾脏，还有脑部，引起感染性的休克，甚至可以致患者达到死亡的状态。我们知道二氧化碳对人体神经的作用，刚开始可以是兴奋作用。当浓度升高时，可以对人体的神经系统达到抑制使患者呼吸运动、心脏运动都处于比较低迷的状态；有时候会引起呼吸和心脏的骤停导致患者发生死亡。所以呼吸系统疾病的危害主要是疾病本身以及它所产生的不良因子，比如炎症因子、气体因子导致各系统存在并发的损害，往往会导致比较严重的，甚至导致患者死亡的状态。

在呼吸系统中，各器官都有一定的分工，从鼻到各级支气管是负责传送气体，其中鼻腔有加温、湿润和清洁空气等作用，但却不能阻止所有存在于空气中的粒子侵入。当患上呼吸系统疾病时，轻者多咳嗽、胸痛、呼吸受影响，重者呼吸困难、缺氧，甚至呼吸衰竭而致死，另外还有污染物和有毒有害气体通过血液传播到身体各处造成各类并发症，比如常见的肺部感染从最开始的尘肺等疾病，若没有良好的治疗，就会伴随着时间推移慢慢地转变为肺癌等癌症。

现阶段，随着工业社会的不断发展，大气污染越来越严重，有些地区的雾霾和沙尘暴现象极为严重，这些有害物质在大气中的停留时间长，而且人体的生理结构决定了对 $PM_{2.5}$ 没有任何过滤、阻拦能力，一旦通过呼吸道进入肺部，会引发呼吸道阻塞或炎症，因而对人体健康影响更大(见图 4-1)。

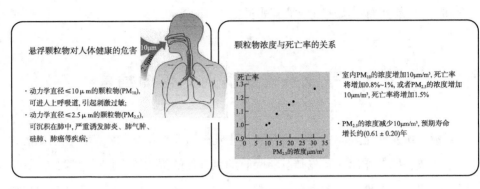

图 4 – 1　PM$_{2.5}$对人体的危害

4.5　呼吸系统疾病对社会的危害

呼吸系统疾病中特别是具有传染性的疾病，一旦爆发后果不堪设想。我国是个人口众多，人口密度较大的国家，更容易出现通过呼吸道传染的疾病，比如爆发的新型冠状病毒肺炎就是一起严重的公共卫生安全事件。

此次病毒的传播途径有以下三种：

（1）飞沫传播：患者打喷嚏、咳嗽、说话的飞沫，近距离接触的人会直接吸入呼吸道内导致感染。

（2）接触传播：如飞沫沉淀在患者使用的物品表面，旁人接触这些物品后，手上携带病毒，再接触口腔、鼻腔、眼睛等黏膜，导致感染。

（3）其他：在相对封闭的环境中长时间暴露于高浓度气溶胶情况下存在经气溶胶（飞沫混合在空气中，形成气溶胶，吸入后导致感染）传播的可能。

有接触就会有传播，有呼出就会有吸入，我国每天出入公共场所的人群不计其数。而且交通发达，所以人传人的速度会非常快，范围也会越来越大。另外呼吸系统疾病患者的呼吸道和肺部都会有损伤，在面对外界病毒、污染物、有毒气体的侵袭时，都会比普通人弱，会导致自身患病或者死亡，同时还会促进病毒的传播。呼吸系统存在损伤的人群容易成为病毒的携带者和感染者，容易造成社会的恐慌，更有可能会引起大范围人员的感染。

　　在许多灾难电影中，有几部讲述了关于呼吸系统防护的重要性。其中关于流感病毒传播的韩国电影《流感》，就描述了因为一种流感病毒通过飞沫传播造成了一场巨大的公共卫生事故。这个电影讲述了一伙东南亚偷渡客历经磨难来到韩国，但是整个集装箱内的偷渡客几乎伤亡殆尽，但是存在一个幸存者侥幸活着逃入韩国城市中。殊不知这个人身上携带有可致命传染的猪流感病毒，短短一天时间之内，病毒即飞速蔓延到韩国城市的各个角落。无数人在不知不觉间被传染，并且不知不觉中将死亡的链式反应引向周围所有的人。在此期间，韩国蛇头的弟弟因猪流感被送入医院治疗，经仔细诊断，终于发现了流感的真正起因。死尸横陈的集装箱最终成为查找病源的关键。在这部电影中，将通过飞沫传播的流感病毒的危害演示出来了，从侧面验证了保持呼吸系统的健康和保持对流感病毒的防御是保证社会稳定的基础。在电影中，当流感病毒大规模爆发后，引起人民对物资的哄抢，使整个城市陷入了混乱。而病毒的迅速爆发导致了医院的救护力量不足，简单的隔离无法隔断病毒的传播，政府不得不将感染人员放在体育场中心焚烧。《流感》讲述了病毒的大规模传播对人类社会的巨大危害，而电影《极限逃生》则讲述了毒气对人类社会的危害。影片在 20min 之后才正式进入到灾难的环节。因为对政策不满，如《蝙蝠侠》中小丑的角色登场，他用一种极端的方式报复社会：释放有毒气体。这种气体会使所有接触到该气体的人都会造成皮肤糜烂，尤其是呼吸系统，当吸入该气体时就会造成呼吸系统障碍，最后导致无法呼吸而死。而当该气体在市中心被释放以后，政府立即做出了反应，根据实验结果确定了新型的紫色防毒面具可以防止人员的呼吸系统受到毒气危害，随后政府通过广播告诉了群众可以使用呼吸面具进行气体的呼吸防护，通过面具的过滤可以使呼吸系统在 10min 内不受毒气的危害。而此后男主与女主更是通过更换呼吸面罩中的滤毒罐，穿行在毒气之中，为生存争取到了时间。而影片中毒气在最初释放的时候，由于群众没有采取呼吸防护装备导致，吸入后几秒就因呼吸系统被破坏造成死亡。这两部韩国电影都将呼吸防护的重要性表现出来了。

4.6　个人呼吸防护误区

呼吸防护是预防空气中各种有毒有害物质或缺氧空气经呼吸道进入人体的个人防护，是主动预防呼吸危害的自我防护措施。目前我国的职业性呼吸危害很严重，与呼吸系统有关的急性、慢性职业病在我国仍然持续高发，这与个人在呼吸防护用品的使用中自我保护意识淡漠、轻视呼吸防护，尤其是认识和观念上存在着一些误区有着很大关系。

误区一：感觉不到，所以不需要防护。

长期工作在具有粉尘或有毒气体的环境下，若没有使用合适的防护产品，会对人体呼吸系统造成伤害。肺部器官及组织的伤害通常是很严重且无法复原的，尘埃越微细，越容易进入支气管末端，杀伤力越大。

呼吸防护是自我保护行为，行为动机来自对危险的认知。在没有仪器检测提供客观依据时，我们对周围空气环境的主观认知来自视觉、嗅觉和味觉。如果没有感觉，往往就认为是安全的。但是感觉器官对外界的感知存在着局限性，过分相信感觉，会使自己身处险境而不知。

由于个体差异，有些人天生对某些气味无法感觉，如氰化氢的苦杏仁味。一些有害气体虽有气味，但当人感觉到味道时，已经造成伤害，如甲醇的嗅阈大约为 $180mg/m^3$，而甲醇卫生标准为 $50mg/m^3$；再如四氯化碳嗅阈为 $260mg/m^3$，而卫生标准却为 $25mg/m^3$。

粉尘是空气中悬浮的微小颗粒物，没有气味，$10\mu m$ 以上肉眼可见的粉尘往往能被呼吸系统的自清功能清除，而真正威胁健康的粉尘是不见的呼吸性粉尘，吸入呼吸性粉尘不会有任何感觉，而它却是导致尘肺病的元凶。

误区二：口罩是万能的。

日常生活中我们所用的口罩虽然可以起到防尘作用，但是并不是所有的口罩都可以防尘，比如纱布口罩，夏天吸汗，冬天保暖，脏了还可以洗，而且价格很便宜，但是却不具备防尘功能，国家已经禁止使用纱布口罩作为防尘用口罩。另外普通的口罩对 $PM_{2.5}$ 这种微粒的防护基本是无效的，必须佩戴专用的口罩才能够有效过滤空气中的隐形杀手——雾霾、病毒、细菌、尘螨、花粉等微小颗粒，适用于空气质量较差的环境。另外一些有毒物质的防护是需要专业的防毒面具才能有效阻止的，所以说口罩根本不是万能的。

误区三：一次性口罩能循环利用。

防尘口罩的滤料是不能水洗的。纱布口罩虽能洗，但它不防呼吸性粉尘。防尘口罩所使用的高效过滤材料通常为无纺材料，有些还依靠纤维上带有的静电电荷过滤呼吸性粉尘，这样可以做到高效、低阻，佩戴舒适。水洗后滤料的微观结构会受损，出现肉眼看不见的裂缝、孔洞，静电电荷也会大量损失，"重生"后过滤效能下降严重。有些防护用品的经销人员迫于用户要求降低使用成本的压力，在没有充分科学依据的情况下，默许或者声称滤料可以水洗。但是过滤材料越洗阻力越低，感觉到的是呼吸更舒适，而感觉不到的是呼吸防护失效。

误区四：身体已经有抵抗力了。

有些人在感冒后一段时间内自动痊愈便认为自己已经获得免疫力了，这种结论是荒谬的，很多有害物质与人体接触后会有很长的潜伏期，有的长达几年甚至十几年，比如尘肺病，发病往往在接尘几年至十几年后，有的人至死都不知道病因所在。

误区五：我干几年就不干了。

合同工往往工作换得勤，一个地方干一两年就走，来的时候好好的，走的时候也感觉不出有什么毛病，但是如果工作中接触了有毒有害物质，慢性中毒或疾病的症状却会在以后的某个时候逐步显现出来。

误区六：口罩谁不会戴。

人都有戴纱布口罩的经验，所以很少人认为戴口罩还有专门的方法，还需要培训。由于普通口罩是平面的结构，它不可能与人脸的曲面密合。但是口罩是立体结构，目的就是要与脸部取得密合，将呼吸区与外界空气隔离，如果留着大胡子戴口罩是不可能取得密合的，如果戴上的口罩四处漏风也不会起到呼吸防护的作用。

误区七：戴口罩很奇怪。

在日常生活中也有需要呼吸防护的公共场合，比如北方的冬天春天总是会出现雾霾、沙尘暴等恶劣天气，或者一些对花粉过敏的人群会戴上口罩，许多人会认为这些人娇气，或者认为他们有病，觉得戴口罩很奇怪。

误区八：我用的是进口的，最好的，很保险。

错误的安全感往往更危险。世界上没有万能的口罩，任何呼吸防护用品都有其适用性，存在局限性，不能提供100%的防护。呼吸防护用品的适用范围指防护对象（粉尘、有害气体、缺氧等），还指适用的有害物浓度。其适用范围受到防护方式（过滤式还是供气式）、过滤材料种类、面罩种类等因素的影响，最后还应考虑使用的环境（与工作方式及同时使用的其他防品用品或工具的匹配性）和使用者特点（是否戴眼镜、是否留大胡子、脸型等）。如果超出防护用品的适用范围使用，就会存在危险。

参考文献

[1]董宗祈. 呼吸系统的防御功能及其保护措施[J]. 实用儿科临床杂志, 2004: 158 - 160.

[2]尹立乔. 呼吸系统的非呼吸功能[J]. 南京医学院学, 1983(01): 68.

[3]段振华, 高绪芳, 杜慧兰, 等. 成都市空气$PM_{2.5}$浓度与呼吸系统疾病门诊人次的时间序列研究[J]. 现代预防医学, 2015, 42(4): 611 - 614.

[4]崔国权, 康真, 吕嵩, 等. 哈尔滨市$PM_{2.5}$污染水平对人群呼吸系统疾病影响[J]. 中国公共卫生, 2013, 29(7): 1046 - 1048.

[5]Cao J, Xu H, Xu Q, et al. Fine Particulate Matter Constituents and Cardiopulmonary Mortality in a Heavily Polluted Chinese City[J]. Environmental Health Perspectives, 2012, 120 (3): 373 - 378.

[6]李婧辰, 张梅, 李镒冲. 我国40岁及以上人群慢性呼吸系统疾病症状流行现况及影响因素研究[J]. 中华流行病学杂志, 2018, 39(6): 786 - 791.

[7]黄群颖, 楼介治, 郭晓芳, 等. 铸钢接尘与离尘工人肺功能及呼吸系统症状的配对研究[J]. 中国工业医学杂志, 1995(03): 135 - 137 + 193.

[8]高小娟. 慢性阻塞性肺疾病症状——风险评估临床观察[D]. 延安大学, 2018.

[9]侯俊, 王含婧, 董玲, 等. 大气可吸入颗粒物对河南省城市人群呼吸系统疾病的影响[J]. 郑州大学学报(医学版), 2008, 171(6): 1246 - 1248.

[10]何骁生. 空气污染物及其组分与心肺疾病死亡、冠心病发生的流行病学研究[D]. 华中科技大学, 2014.

[11]张文渊. 随弃式自吸过滤式颗粒物防护呼吸器汗液影响失效分析[D]. 华东理工大

学，2014.

[12]姚红．错误的安全感更危险——个人呼吸防护九大误区[J]．现代职业安全，2003
(07)：48.

[13]杜冰，朱勇，朱乔志，等．三种类型呼吸防护用品定量适合性检验[J]．首都公共卫生，
2018，12(04)：180 - 182.

[14]张静，周先玲．浅谈检验科学安全防护的必要性[J]．实用医技杂志，2005(14)：1929.

第5章 呼吸防护技术和装备研究的进展

在工业生产及救援场所不可避免地存在大量的有毒有害物质和粉尘颗粒物，它们以气体、粉尘或蒸气形态存在，长时间接触会引起从业接触人员心肺呼吸系统等多种疾病，造成不可逆转的职业危害。因此，在生产中应关注和加强此类危险源的管控，正确选择和使用呼吸防护用品，做好安全防护工作，做到保证劳动者的身体健康。除此之外，生活在空气质量较低的地区和在恶劣环境工作的工人也需要呼吸防护装备的保护，避免外界环境对身体的损伤。

5.1 呼吸防护技术的发展

古代呼吸防护一直被忽视，直到近代的第一次世界大战使用毒气之后，呼吸器材的防护才得到了各个国家的重视。在第一次世界大战第一次使用氯气取得了重大的作用之后，战场上的毒气种类逐渐增多，而防护器材也逐渐变多。从最初的浸渍硫代硫酸钠、苏打、水和甘油的湿式纱布口罩和装碱石灰的干式防毒面具，到后来的用活性炭来过滤吸收毒气，从最开始的化学过滤到现在的物理吸附。

尤其是在近 20~30 年来，世界各国对呼吸装备的研制和对技术的发展都已经不局限于军事上，更多的是根据不同的用途来研制不同型号不同规格的呼吸防护装备，比如现在美国的 M40 型防毒面具、3M 呼吸口罩、NORTH 呼吸防护装备等。现在呼吸防护也在随着社会的需求不断发展，使呼吸防护不断地从军事领域扩展到生产生活的各行各业。

然而，我国呼吸防护用品的生产在 20 世纪 80 年代开始逐渐形成规模，直到现在呼吸防护产品的种类比较齐全、标准比较规范。我国制定了一系列配套的产品技术标准，规范产品性能和评价方法。2000 年 3 月，国家经贸委制定并颁布了

《劳动防护用品配备标准(试行)》,明令禁止纱布口罩作为防尘口罩使用,纱布口罩这一市场占有率第一、使用时间最长的个体防护用品,逐步退出历史舞台,这是我国防尘工作发展的一个重要标志。我国在 2001 年加入 WTO,随着国内经济形势的进一步好转、企业经营的不断改善以及政府执法力度的加强,国内个体呼吸防护用品的消费需求正面临大幅增长的势头。我国的呼吸防护装备的研发、生产及标准都已经慢慢地走上正轨,逐步向国外靠齐。

呼吸防护标准的变化可以在某种程度上反映呼吸防护技术的发展,在 2003 年非典疫情结束之后,符合 GB/T 2626—1992 标准的口罩已无法满足呼吸防护,因此开始了 GB/T 2626 标准第二次修订工作,于 2006 年批准发布 GB 2626—2006,并且将其定为强制性标准;在新型冠状肺炎发生之后我国的呼吸防护标准开始逐渐被 GB 2626—2019 代替。除了标准的改进与修订,我国与国外的交流日益频繁,比如在 2019 年 3 月 18～22 日,国际标准化组织个体防护技术委员会呼吸防护分委会(ISO/TC94/SC15)年会在杭州召开,通过参加此次会议,中国个体防护呼吸分委会代表全面学习到了 ISO 标准中全新的体系框架、技术理念、发展趋向,为后期标准的修订打下了基础。同时,呼吸防护装备的材料也发生了变迁,其中一次性口罩的过滤材料也由纱布、活性炭这类简单的材料逐步转变为无纺布、高分子纤维等材料。这也证明了呼吸防护技术的不断发展。

5.2 传统呼吸防护净化材料

5.2.1 呼吸防护装备的发展历程

由于第一代成型呼吸防护装置主要是为了应对战场上毒气对士兵的伤害,而毒气的毒性也相对较小,因此简单的浸渍硫代硫酸钠、苏打、水和甘油的湿式纱布口罩和装碱石灰的干式防毒面具就可以应对。到第二代的时候,对过滤材料做出了初步的改进,开始慢慢地采用活性炭进行吸附过滤。到第三代的时候,因为不同场景的呼吸防护要求不同,为了应对不同需求,对呼吸防护材料进行不同的处理,使其能够过滤不同的气体。但是这类大部分都是在对活性炭进行改良,利用活性炭的吸附特性和比表面积大的特点使用不同的催化剂对气体进行过滤吸附从而达到净化作用。

到现在，正在研制的呼吸防护装备对净化材料选择发生了改变。比如现在的火场呼吸防护装备由以往的氧气瓶或者活性炭为载体的呼吸防护装备改为湿润型材料。对新型冠状病毒的防护，由最开始的 N95 口罩的防护，到现在提出使用新型防菌材料为净化材料的新型呼吸口罩的设想。

5.2.2　空气净化材料的发展

随着工业的发展，环境污染越来越严重，空气中对人体有害的物质越来越多，人们为了高质量地生活，越来越多的空气净化材料被应用到我们的生活中。实际上空气净化材料已经经历了很长的发展历史。我国在秦汉时期就出现了真丝过滤材料，两千多年前的罗马人，将粗麻做成保护面罩用来净化水银。再后来，工人们用布来净化灰尘。这些材料过滤性能很差，只能做一些初步的过滤。随着对过滤效率需求的提高，人们不断研究新型过滤材料，像后来逐渐出现的麻丝、玻璃棉、纤维等净化材料。现在人们应用最多的就是纤维净化材料，过滤纤维分为石棉纤维、玻璃纤维和聚酯纤维等。聚酯纤维用于净化材料的是非织造布，非织造布加工工艺有熔喷、水刺、针刺、纺粘等不同类型。非织造布使用广泛、技术成熟，在质量稳定性，容尘量等方面优于其他同级别的空气净化材料。但其主要根据惯性效应等达到过滤目的，使得存在效率低、阻力大的缺点。后来，人们为了克服这一缺点，逐渐将驻极体特性与非织造材料相结合，制成驻极体非织造布空气净化材料，在不增大阻力的情况下通过静电效应提高效率。现在驻极体空气净化材料已经占领了主要市场。

5.2.3　呼吸器的发展

呼吸防护器是个人防护装备中最具历史的一类防护器具。虽然至今人们仍不清楚最原始的呼吸防护装备，但是最早的呼吸器记录可以追溯到公元前一世纪。虽然从呼吸器第一次被使用至今已经超过 2000 年，但是呼吸器技术的发展的起源却是发生在 19 世纪中叶。在那个时期，呼吸器的发展异常迅速，出现了最早的具有空气过滤功能的呼吸器；已经意识到颗粒物危害和气体或有毒蒸气的危害需要区别对待，需要使用不同的过滤元件设备；对于布朗运动的认识使人们对于颗粒物过滤技术有了突破；发现活性炭可以吸附很多类型的有机蒸气。此后，虽然人们对于这些知识和技术有了一定的了解，但是其发展却出现了很长一段时间的停滞。第一次世界大战后，化学武器的出现导致人们对于呼吸器的需求再次爆发式增长。为了满足这一需求，美国煤矿局承担为美国军队研发呼吸器的重任，并在第一次世界大战结束后，出现了一次性的呼吸器。在当时，由于人们经常出现对于呼吸器的错误使用或认知，导致许多虽然使用了呼吸器但是并没有起到防护效果的情况。因此需要对呼吸器使用建立一个完善的呼吸防护标准或规范。在 1919 年，美国煤矿管理局起草和发布了人类有史以来由政府颁布的最早的呼吸器认证程序，并在同年对第一台呼吸器进行认证，直到 1920 年，认证的范围才被扩大，第一台自给式呼吸器被当局认证授权。但此程序仅对于呼吸器本身进行了要求，但是对于使用、维护以及判断更换或替换等重要信息却没有提及。直到 1969 年，美国联邦煤矿安全和健康管理局成立之后，才首次颁布了涉及呼吸器使用方面的法规。伴随着法规的建立和完善，呼吸器的发展步入正轨。经过多年的发展，呼吸器的种类十分完备。目前呼吸器的分类方式多种多样。按照防护的方式分类，可以分为过滤式和隔绝式；按照面具的类型来分，则可以分为半面型、全面型和头罩型。工业应用上，一般以前者分类较为多用。呼吸器分类具体可见图 5 – 1。

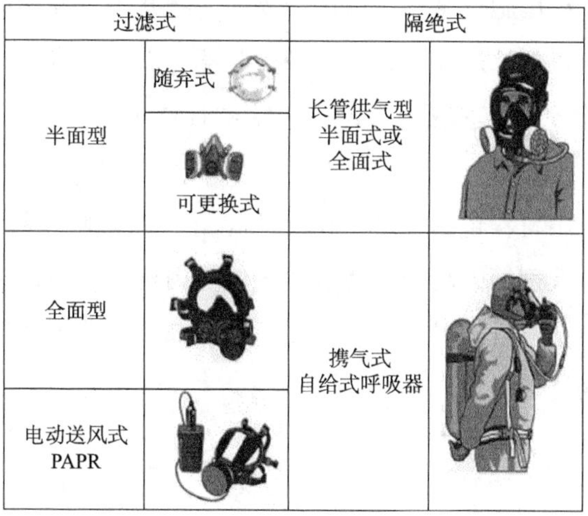

图 5 – 1　呼吸器分类图

5.3　新型防菌净化材料

新型冠状肺炎暴发，病毒对人类生活产生严重影响。因此呼吸防护口罩的期望由以前的简简单单的防护过滤，增加了对病毒这类生物的防护。许多专家学者希望将抗菌材料增加到口罩内部以达到灭菌抑菌的效果。

5.3.1　抗菌材料的种类

抗菌材料一般包括无机材料、有机材料(合成类)、天然抗菌材料，以及合成高分子材料、复合型材料等。

无机抗菌材料主要是指 Ag、Zn、Cu、Ti 系等无机体系抗菌剂，主要是利用重金属对生物的毒害作用达到抑菌与杀菌作用。

有机抗菌材料(合成类)包括咪唑类、吡啶类、异噻唑啉酮类、苯酚类、季铵盐类、苯酚类、酰基苯胺类、双胍类、香草醛或乙基香草醛类等化合物以及人工合成抗生素等有机系抗菌材料。有机(合成类)抗菌剂抗菌机理理论阐述较为清晰，以季铵盐类抗菌剂为例：杀菌机制属于"触杀"，季铵盐 N 带正电荷，吸引细菌富集，破坏细菌胞壁结构，可使菌体内容物漏出，发挥抑菌作用。

天然抗菌材料包括牡丹皮、花椒、辣椒、蒜、山药、水叶竹、薄荷草、柠檬叶等植物的提取物，也包括蟹、虾壳中富含的壳聚糖、多肽化合物及其衍生物等。

合成高分子抗菌材料包括聚苯乙烯己内酰脲、聚吡唑、聚六亚甲基盐酸胍、多价盐类高分子抗菌剂等。高分子类抗菌剂的抗菌机理，与其结构和组分有关。

复合型材料包括复合有机抗菌剂、无机抗菌剂、天然抗菌剂、高分子抗菌剂中的两种或多种的复合材料。

常用抗菌材料特点见表 5-1。

表 5 - 1　常用抗菌材料特点

分类	有机系抗菌剂	无机系抗菌剂	天然系抗菌剂
举例	有机酸、酚、醛等	银、铜、锌等金属	壳聚糖
优点	短期抗菌效果明显；尤其抗真菌效果好	安全性、持久性、抗菌性、耐热性好	环保
缺点	具有挥发性，在加工过程中会产生刺激性气体，容易对皮肤和眼睛造成刺激和损伤，耐热性差，易水解使用寿命短	容易变色、价格昂贵	受到安全和生产制约，无法大规模市场化

5.3.2　可以用作呼吸防护的抗菌材料

不同的抗菌抑菌材料有不同的特性，对细菌的抑制程度也不一样。由于无机抗菌材料具有对生物体有毒害的作用，会因为重金属超标而无法使用。而合成类有机抗菌材料会因为分解产物存在安全隐患而无法使用。高分子抗菌材料与复合型抗菌材料因为在抗菌等方面有一定的作用，但是由于其研发和应用都需要进一步加强所以暂时无法投入大规模使用，但是可以成为将来的一种设想。而前一段时间的鲨纹抗菌材料的出现为抗菌口罩提供了一定的基础，并初步投入市场，但是还需要市场检验这种口罩的可行性。

5.4　新型呼吸防护材料

随着科学技术的发展，新型的防护护具不断涌现。目前防护面罩种类较多，如：隔热面罩、防烟尘面罩、防化学液体飞溅的面罩等。防护面罩的过滤材料多种多样，其中，有钢纸板、镀铝膜布、防酸碱耐腐蚀织物、塑料、有机玻璃等材质。目前，大多数工业用、军用面罩呼吸器是采用天然橡胶或合成橡胶制成。空气呼吸器设计有眼罩、排气阀、传话器、连接软管等，由金属边框支撑。这种组合面罩虽然能满足舒适、安全和坚固的要求，但过于笨重，而且视野受限制，若用黑橡胶制成，不利于识别使用者。为了克服这些缺点，逐渐采用一种透明的全方位视野的柔性面罩。为此，一种方法是采用透明塑料片制造面罩。另一种方法是全部用透明的合成橡胶制作面罩。两者相比，用透明塑料片制作的面罩薄片容易变形，在运动条件下，长期佩戴者不容易保持足够的视野。采用透明合成橡胶制作的面罩柔性好，佩戴舒适，加之有好的光学特性，因而应用较为广泛。呼吸防护材料的发展不仅体现在支撑防护材料的改进，更多地体现在对气体的净化与过滤材料。这些材料的改进，将以前不能过滤的毒气过滤，将有效过滤时间延长。

5.4.1 湿润型防护材料

呼吸防护是个体防护最后也是最重要的一关。因此需要研发逃生和救援所需的个人呼吸防护面具。在物理吸附、化学吸附、静电吸附等几种吸附机制中，化学吸附效率最高，而且在溶液的状态下效果最好。根据使用湿毛巾或浸肥皂水的毛巾捂住耳鼻防止吸入有毒烟气等火灾逃生知识的启发，结合毒气吸附原理，将口罩设计成溶合润湿型防护口罩的形式，以期达到最佳防护效果。这种湿润型口罩的关键是口罩内部的湿润性复合材料的选取。该湿润性复合材料由膨化芯材构成，该材料为膨胀芯棉聚丙烯酰胺或其他类的液体吸附材料，材料无毒，质地柔软、均匀，具有极好的润湿性，是口罩使用时吸附药液的载体。同时，溶合润湿吸附层材料化学性能稳定、耐热、耐寒，使用温度范围广。吸附药液为一定浓度的 $NaCO_3$ 等溶液或其他与有害气体发生物理或化学反应的溶液，吸附溶液可以是单一溶液，也可以是混合溶液。吸附药液以薄塑料袋的方式包装，然后放在口罩主体包装内。吸收吸附药液的溶合润湿层对建筑装修装饰材料如木材、硝化纤维、橡胶、塑料、人造丝、羊毛等燃烧时放出的 CO_2、H_2S、Cl_2、HCl 等有害气体进行有效的吸附，同时对气溶胶进行二次过滤。除此之外，湿润层还可以采用吸水树脂。中国人民武装警察部队学院的叶凯敏曾经尝试过将吸水树脂作为湿润层的载体，将碳酸钠溶液进行吸附制成湿润层吸附材料。在实际的测试中发现使用 15mL 的 1mol/L 的碳酸钠溶液对溶合润湿型消防口罩的溶合润湿层进行润湿后，按照一级过滤件进行测试，测试结果为：对 SO_2 的平均防护时间为 20.5min，对 H_2S 的平均防护时间为 10.33min，对 NH_3 的平均防护时间为 16.17min。因此，应用于火场外围低浓度火场烟气情况下，溶合润湿型防护口罩可以长时间有效地防护火灾烟气中的溶于水呈酸性的气体与氨气。通过测试，溶合润湿型消防口罩平均过滤效率为 99.70%，达到了 KP95（对油性颗粒物过滤效率 ≥95.0%）级别的过滤效率。发现这种以吸水树脂作为吸附层的溶合润湿型防护口罩可以满足火场中的过滤要求。

5.4.2　神经性毒剂的防护材料

为了人们安全的需求，各种形式的神经性化学战剂防护材料（以下简称材料）不断涌现，按照防护机理可以将其分为两大类：非化学反应型材料与化学反应型材料。目前，世界上非隔绝型防护材料内层材料主要有以下几种：含碳织造布、含碳绒布、含碳泡沫塑料复合织物、球形活性炭复合织物以及活性炭纤维复合织物。其中活性炭是最常用的吸附剂，活性炭吸附型防护材料的防护能力受多种因素的影响，其中毒剂的种类和性质对活性炭的吸附能力影响较大。毒剂分子越大，其蒸气越易被活性炭吸附；反之，则不易被吸附。如活性炭对氢氰酸和氯化氰等气体的吸附能力差。

德军推出一种新型材料，由纯棉织物和涤纶织物两层面料之间夹有吸毒能力强的颗粒状物质，可吸收空气中的化学战剂尘埃；英军新式生化材料，它的外层采用阻燃尼龙和聚丙烯纤维制成，内层充填了活性炭和阻燃物质，这些材料都有较好的防毒性能。但也有一些不足，如笨重、无法将毒剂进行降解，容易形成二次威胁。

除此类隔绝型材料之外，还存在化学反应型材料。这类材料被认为是理想型材料，能将吸附的神经性化学战剂在染毒部位直接原位降解并且具备以下特性：对有毒物质有很好的物理阻隔性能、持久的使用性能、再生性能，又具有透气性和良好的舒适性等特性。材料内层为非织造布浸渍活性炭，再经防水、防油、防火等处理，能够防止毒剂液滴、毒气、细菌和放射性污染。按照材料的基本类型可分为金属氧化物、金属离子、生物酶、聚合物材料类。金属氧化物以硫酸锌与硫代乙酰胺为原料进行水解，得到 ZnS 纳米材料，然后在氧气氛围中灼烧，经过淬火后，形成 ZnO 纳米材料；金属离子主要是通过金属离子形成的配合物与胺发生配位，达到解毒目的。研究发现，在相同的实验条件下，有机胺类高分子中，铜（Ⅱ）离子在降解反应中有催化作用，降解反应的半衰期明显缩短，无铜离子的降解反应的半衰期明显加长，并推测亲水/疏水平衡对沙林的降解有影响。研究发现，与铜离子发生配位的线型聚甲基丙烯酸酯，降解化学战剂效果好，其反应的机理如图 5-2 所示，其中铜（Ⅱ）离子与一个水分子进行结合，形成电子云密集的中心，使得其亲和性增强。

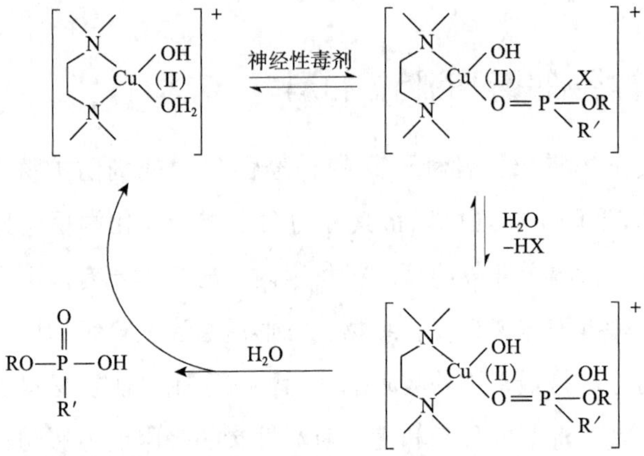

图 5 - 2　水解示意图

在 1946 年，Mazur 发现哺乳动物组织可以水解出一种"有机膦农药消解酶"，这种酶具有活性，并经过实验发现可以水解神经性毒剂。这类酶种降解各种神经性毒剂活性最高的是有机膦水解酶，其降解二异丙基磷酸酯、神经毒剂梭曼（GD）以及沙林（GB）的能力是在 3.5 ~ 17.7 单位/g 之间。不足之处是这种酶不管是在冰箱还是在室温下，两个月就会失去活性。最后一类就是反应型聚合物材料（可反应型高分子）上，其上含有具消毒能力的活性基团（主要是胺类）。这类聚合物又可以分为聚合物 – 织物复合材料、聚合物 – 聚合物复合材料、生物酶 – 聚合物复合材料。Cowsar 等研究发现织物经过氯酰胺处理，可以诱导有机膦类神经性毒剂发生降解，如 GB、维埃克斯（VX），但是氯酰胺会慢慢地失去活性，需要重新进行处理。其中的代表支链化的聚乙烯亚胺通过涂覆在织物上面，可以降解 GD 的活性。然而对有涂覆支链化的聚乙烯亚胺、无涂覆支链化的聚乙烯亚胺与织物三种情况进行研究，发现有涂覆支链化的聚乙烯亚胺透气性很差。因为伯胺与仲胺在解毒过程中提供了反应中心，所以提出加入人造橡胶、聚丙烯腈、腈纶纤维、聚氨酯橡胶、胶乳橡胶、聚氯乙烯以提高柔韧性。对于吸附材料可以加入活性炭、聚亚胺酯或者将二者进行混合以提高阻碍毒剂进攻的能力。根据研究发现聚乙烯亚胺与聚乙烯醇均无毒性，不会引入有毒物质。因此聚乙烯醇及其衍生物即便是在环境湿度比较低的情况下，仍然具有好的透气性能。具有反应活性的基团是具有亲核活性的胺基，并预测了聚乙烯胺与毒剂的反应机理，如图 5 –3 所示。

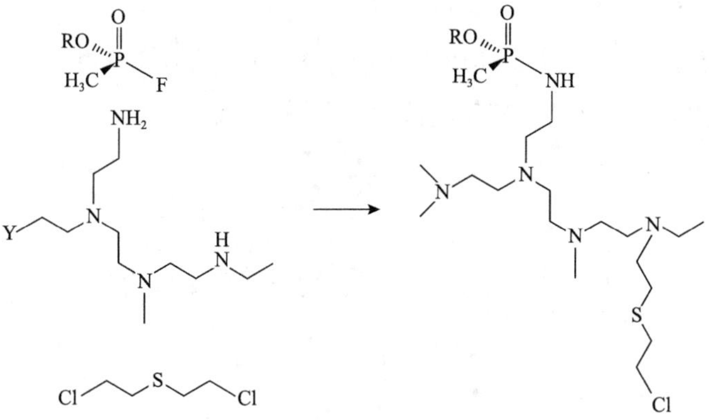

图 5 - 3　预测的聚乙烯胺与毒剂的反应机理

　　非化学反应型防护材料虽比较成熟，但存在不透气、笨重，且配备重量重、体积庞大、二次污染等缺点。而化学反应型材料，一般具有发生化学反应的官能团或者原子团，可以与化学战剂发生化学反应，将其原位降解，降解为无毒性或者毒性很低的物质，达到彻底防护的目的。但处于研究阶段。化学反应型材料如聚乙烯亚胺这一类材料，由于具有选择性渗透、透气、质轻、原位降解化学战剂、无二次污染等优点，同时也具有重要的科学价值，更为重要的是有望制作军事防护服，有望代表未来防护神经性化学战剂材料发展的方向。

5.4.3　过滤纳米 TiO₂ 材料

　　纳米 TiO_2 作为一种半导体光催化材料，具有价格低廉、安全无毒、稳定性好、抗光腐蚀性良好、对很多有机污染物有较强的吸附降解作用等优点。但是 TiO_2 的能带结构是由一个充满电子的低能价带(Valance Band)和一个空的高能导带(Conduction Band)构成，价带和导带之间的区域为禁带，禁带的宽度称为带隙能。TiO_2 是宽禁带($E_g = 3.2eV$)半导体化合物，当用能量大于禁带宽度(E_g)的光照射 TiO_2 表面时，价带上的电子(e^-)就会被激发跃迁至导带，则在价带上产生高活性的光生空穴(h^+)，在导带上产生电子(e^-)。价带空穴是一种良好的氧化剂，导带电子具有良好的还原性。在光催化的半导体中，空穴具有较大的反应活性，可以携带大量的电子，与吸附在表面的水或者氢氧根离子易发生反应生成具有强氧化性的羟基自由基($\cdot OH$)。羟基自由基是光催化反应中的一种重要活性物质，对光的催化氧化起到了决定性的作用。而电子受体则可以通过接受表面上的电子而被还原，与 O_2 发生作用生成 HO_2^- 和 $\cdot O_2^-$ 等活性氧类，这些活性氧自由基也能参与氧化还原反应。其反应机理如图 5-4 所示。

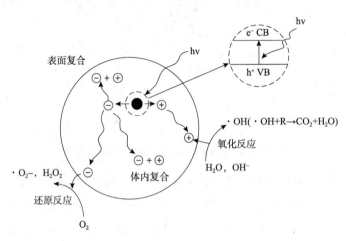

图 5-4　纳米 TiO_2 材料反应示意图

除此之外，当光催化剂表面受到大于其带隙能能量的光辐射时，在光催化剂内部和表面都会产生光生电子和空穴。对于光催化反应过程来说，光生空穴和电子必须与吸附在催化剂表面的物质发生作用才是有效反应。电子空穴对扩散到纳米 TiO_2 表面，形成强氧化性的 $\cdot OH$，与吸附在纳米 TiO_2 表面的物质发生光催化氧化还原反应，并将大部分有机物彻底降解为 H_2O 和 CO_2 等无害小分子物质。但是，当 TiO_2 晶粒尺寸大于 1mm 时，电子被氧转换的可能性受到限制，导致其量子化效率的丢失，影响光催化活性。许多实验已经证实，尺寸的量子化可使半导体获得更大的电荷迁移速率，使表面原子迅速增加，光吸收效率高，从而提高光催化效率。所以通过采取不同的催化剂进行催化提高过滤效率，比如采用贵金属进行沉积。研究发现，贵金属沉积的影响有两个，即影响半导体的能带结构、影响氧化还原反应过程。贵金属沉积之所以能改善光催化剂的活性，是因为金属与 TiO_2 具有不同的费米能级。由于金属内部和 TiO_2 相应能级上，电子密度小于 TiO_2 导带的电子密度，即金属的纳米能级比 TiO_2 小，因此，电子重新从 TiO_2 向金属上扩散直到相等。在二者接触后形成的空间电荷层中，金属表面获得过量的负电荷，半导体表面显示出过量的正电荷，于是导致能带向上弯曲形成 Schottky 能垒，从而抑制了电子和空穴的复合，提高 TiO_2 光催化活性。何超等采用溶胶 – 凝胶法制备了 TiO_2 薄膜和 Ag/TiO_2 薄膜，结果发现，适量掺杂 Ag 时，能提高 TiO_2 薄膜对亚甲基蓝的光催化分解效率。陈丽琼等制备出掺银纳米 TiO_2 抗菌内墙涂料，该涂料在可见光下具有优异的抗菌性。甘玉琴等采用混合 – 超声分散工艺制备了负载 Au 纳米粒子的 TiO_2 薄膜，研究发现，负载 Au 纳米粒子的 TiO_2 薄膜的光催化活性较纯 TiO_2 薄膜高。除此之外，还有二元半导体复合、TiO_2 – CNTs 复合、金属离子掺杂、表面 H_2 还原热处理及表面光敏化等许多种的催化剂催化的方式。这些技术的发展都为过滤纳米 TiO_2 材料的应用打下了良好的基础。

5.4.4 无纺布材料的应用

过滤材料在我国起步可以说相比欧美国家发展滞后很多年。从比较原始的棉布纺织工艺开始，在很长时间内，纱布或其他类型的编织型材料，仍然是我国在过滤应用中最常使用到的材料。但随着技术的引进和发展，高性能过滤材料已经在 20 世纪 90 年代我国的工业领域有了大范围的应用了，而其中应用最为广泛的就是过滤领域。无纺布在业界又被称为非织造布，或不织布。其突破了传统的纺织原理，它是将纤维进行随机排列，形成纤网结构，随后应用热粘、机械固化、化学浸渍等方法进行加固而成。由于其纤网没有经过纺纱织布等传统工艺的硬化加工，因而质地轻盈、柔软、可再加工能力强。早在 19 世纪就在英国开始大规模工业化。我国的无纺布工业起步较晚，但是目前技术已经有了长足的进步。无纺布根据其生产工艺，可以分为多种技术，可以将技术总结为表 5 – 2。然而目前应用最为广泛的就是熔喷法了，熔喷法是将聚合物母粒投入到螺杆挤压机内，通过高温熔融，由螺杆旋转产生的持续挤压力从喷孔中挤出。喷头往往会有特定方向吹出的热空气，炼体在空气的吹扫下极快地被拉伸形成超细长丝，或被吹断成具有一定长度的短丝，在收到外侧的冷空气后凝结固化，在特定网帘或滚筒型接收器上成网。对熔喷工艺而言，其制造工艺条件对于无纺布的性能会产生巨大的影响。如模头的温度、空气压力的大小、气流速度、气流温度、接收距离等关键性指标都会对纤维直径、纤维均匀度产生影响，进而影响其作为过滤元件的过滤效率。

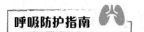

表 5 - 2 无纺布生产技术分类

技术类型	工艺简述	优势与应用
针刺不织布	利用刺针的穿刺作用将蓬松的纤网加固成布	工艺简单设备投入低、克重高，主要用于毡材、土工布等
水刺不织布	将高压维系水流喷射到一层或多层纤维网上，使得纤维相互缠结在一起制成布	设备复杂、生产工艺简洁，手感细腻，主要用于医用卫生，卫生用，美容用
湿法不织布	纤维原料浸渍在水中，分散成单纤维，将不同纤维原料混合制成纤维悬浮浆输送到成网机构	生产速度快、短纤维成网成本低，对于不同品质的材料无限制，应用广泛
缝编不织布	使用编线圈对聚合物薄片进行组合加工成布	对于原料要求较高，应用面相对较窄
热合不织布	将纤维母粒经过加热熔融，然后冷却织网成布	工业耗能高、生产质量控制度较低，应用广泛
喷熔不织布	纤维切片或母粒熔融挤压，从设备喷头的孔挤压，形成超细长丝，凝聚于滚筒式纤维接收器成布	设备投入较高，应用最广，过滤材料普遍采用该技术
防粘不织布	将纤维切片或母粒熔融挤压形成长丝，利用热空气吹送到成网帘上冷却成布	强度高、耐热性好、耐老化、稳定性和透气性均佳，主要使用涤纶和丙纶为主要原料

5.4.5 驻极净化材料

近年来，空气污染问题日趋严峻，因此消费者对空气过滤材料的要求越来越苛刻。普通的空气过滤材料对于空气中的细小颗粒过滤不够彻底，对颗粒上的病菌无法起到抑制或者消灭的作用。因此许多学者考虑到将过滤材料与静电体相结合，形成了驻极空气过滤材料。静电可以通过异种电荷间的吸附作用，将细小颗粒物吸附，继而达到过滤的目的。这种静电吸附对于空气的阻力几乎可以忽略不计，这就导致了这种驻极体空气过滤材料具有高效、低阻、节能、抗菌等优点，因此成为一类非常有应用前景的新型空气过滤材料。

驻极体材料被广泛应用于高效低阻空气过滤材料领域。驻极体空气过滤材料要求材料储存电荷的密度大、寿命长及稳定性高。用作驻极体的原材料需要优异的介电性能，如高体电阻和表面电阻、高介电击穿强度、低吸湿性和透气率等。

驻极体材料可分为无机驻极体、有机驻极体和生物驻极体。

现在的驻极净化材料有很多，但是由于制造口罩等过滤式呼吸器的核心过滤材料为聚丙烯熔喷布，因此在呼吸行业通常使用聚丙烯熔喷布制作驻极净化材料。对熔喷聚丙烯非织造材料进行极化处理，使其具有驻极体特性，得到聚丙烯驻极体空气净化材料，其过滤原理为非静电过滤与静电过滤相结合。静电过滤效应是因为驻极体材料有很强的静电场，材料中纤维之间的缝隙类似于无源集尘电极。当过滤气体中粒径为亚微米级的带电粒子通过纤维间的缝隙时，被电场力捕获达到过滤的目的。中性粒子感应极化带电，被有效捕获；熔喷聚丙烯驻极体净化材料还有灭菌的作用，细菌中的蛋白质因为材料内部强电场作用，导致细菌死亡。熔喷聚丙烯驻极体空气净化材料的非静电过滤效应主要包括：（1）惯性效应：待过滤气体中的质量较大或者速度较快的粒子，在通过驻极体过滤材料的纤维时由于其惯性作用沉积在纤维表面，不再随原气体一起运动。（2）拦截效应：过滤材料内部纤维无序、杂乱无章地排列，当一定粒径范围内的粒子通过时，当粒子与纤维表面的距离小于粒子的半径时，粒子受到纤维间的作用力，从而沉积在纤维表面。（3）扩散效应：因为过滤气体中的粒子由于热运动会相互碰撞产生布朗运动，在通过纤维表面时附着下来。颗粒物的粒径越小，气流越缓慢，布朗运动越强烈，粒子的扩散效应越明显。

参考文献

[1]吕琳.呼吸防护用品选用与个体防护措施评价[J].中国卫生工程学，2005，（03）：172-173.

[2]周锡芝.防护面罩及其材料[J].工业安全与防尘，1993，（11）：11+22.

[3]李小银，毛用泽，周元林.非战争军事行动中的个人防护装备与技术[J].西南科技大学学报，2013，28(1)：1-7，61.

[4]张杰鑫.3M公司自吸过滤式防颗粒物呼吸器产品结构优化策略研究[D].华东理工大学，2016.

[5]佘启元.对欧美国家防尘呼吸护具标准的简介、分析与讨论[J].中国个体防护装备，2001，（01）：32-37.

[6]李建华. 溶合润湿型火灾疏散防毒防烟口罩[J]. 消防科学与技术, 2015, 34(12): 1661-1663.

[7]张文渊. 随弃式自吸过滤式颗粒物防护呼吸器汗液影响失效分析[D]. 华东理工大学, 2014.

[8]孟凡俊, 袁晓华, 赵立新, 等. 防毒面具[J]. 中国个体防护装备, 2013, 117(2): 15-17.

[9]任峰, 刘太奇. 过滤除菌用净化材料的研究与应用[J]. 化学世界, 2007, (02): 121-124.

[10]周国永, 汤泉, 成琳. 神经性化学战剂防护材料研究进展[J]. 江西理工大学学报, 2012, 33(5): 11-16, 32.

[11]许俊斌, 王勇, 魏东. 纳米 TiO_2 降解有毒气体的现状及发展趋势研究[J]. 安防科技, 2011, 117(11): 43-47.

[12]陈梅兰. 提高 TiO_2 光催化降解性能的途径研究进展[J]. 浙江树人大学学报, 2004, (02): 87-90.

[13]谢雷, 师伟. 提高 TiO_2 光催化性能的研究进展[J]. 科技信息(科学教研), 2007, 244(32): 31-32.

[14]陈梅兰. 提高 TiO_2 光催化性能的研究进展[J]. 浙江树人大学学报, 2004, (02): 87-90.

[15]张杰. 纳米 SnO_2、复合 TiO_2/SnO_2 光催化剂的制备及表征[D]. 浙江工业大学, 2012.

[16]于天. 原纤化超细纤维复合空气过滤材料的制备与性能研究[D]. 华南理工大学, 2012.

[17]周晨, 靳向煜. 聚丙烯熔喷驻极过滤材料表面静电势的研究[J]. 过滤与分离, 2011, 21(1): 16-19.

[18]刘妙峥, 吴海波. 聚四氟乙烯-聚丙烯杂化熔喷滤料结构与性能[J]. 东华大学学报(自然科学版), 2019, 45(3): 353-357.

[19]李鹏程. 聚丙烯熔喷过滤材料的驻极工艺及性能研究[D]. 青岛大学, 2015.

[20]陈曦. 熔喷聚丙烯驻极体空气净化材料应用过程中几个关键问题研究[D]. 杭州电子科技大学, 2018.

第6章 呼吸防护技术与装备

在呼吸器官的防护中，通常采用口罩和面具来保护人员的面部、呼吸道、眼睛免受有毒气体、各类生物战剂、颗粒物以及其他污染物伤害。因为现在的空气污染日益严重，人们需要采用呼吸防护装备来避免呼吸系统受到伤害，因此呼吸防护装备受到关注和重视。

6.1 呼吸防护用品的种类

呼吸防护装备是指保护人体呼吸系统免受空气中有毒、有害物质的毒害，而损伤个人呼吸系统的装备。随着经济社会的发展，在工业生产、紧急避险逃生或特殊极端环境下，采用呼吸防护装备来减轻或避免恶劣环境下有毒、有害物质通过空气吸入对人体呼吸系统的伤害。然而为了促进呼吸防护用品的发展，就需要对呼吸防护用品做出分类。按照呼吸防护用品的防护原理可以将生活中常见的呼吸防护装备分为两大类：一类是过滤式呼吸防护装备(主要是口罩)，这类呼吸防护装备的原理是利用过滤材料、吸附材料以及净化材料除去空气中的有毒、有害物质，从而提供对人体无害的气体；另外一类是隔绝式呼吸装备，其原理就是将使用人员的呼吸器官、眼睛和面部与外界环境相隔离，利用自身的空间携带的氧气或者其他方式将外界的洁净空气提供给使用者，保障使用人员的呼吸系统的健康。

按防护原理分类主要分为过滤式和隔绝式；按供气原理和供气方式分类主要分为自吸式、自给式和动力送风式三类；按防护部位及气源与呼吸器官的连接方式分类主要分为口罩式、口具式、面具式三类；按人员吸气环境分类分为正压式和负压式两类；按使用对象分类分为军用和民用两大类。

6.1.1 防尘口罩

防尘口罩主要是以纱布、无防布、超细纤维材料等为核心过滤材料的过滤式呼吸防护用品，用于滤除空气中的颗粒状有毒、有害物质，但对于有毒、有害气体和蒸气无防护作用。不含超细纤维材料的普通防尘口罩只对较大颗粒灰尘有防护作用，一般经清洗、消毒后可重复使用；含超细纤维材料的防尘口罩除可以防护较大颗粒灰尘外，还可以防护粒径更细微的各种有毒、有害气溶胶，防护能力和防护效果均优于普通防尘口罩，基于超细纤维材料本身的性质，该类口罩一般不可重复使用，多为一次性产品或需定期更换滤棉。防尘口罩的形式很多，包括平面式(如普通纱布口罩)、半立体式(如鸭嘴形式折叠式、埠形式折叠式)、立体式(如模压式、半面罩式)。无论哪种形式，其保护部位均为口鼻。从气密效果和安全性考虑，立体式、半立体式气密效果更好，安全性更高，平面式稍次之。

防尘口罩常用于以下生产领域或工作场合：电子元器件加工、食品加工制作、医疗卫生、美容护理、环保清洁等。防尘口罩适用的范围主要取决于污染物种类，这类污染物的特点是颗粒状、非发挥性。

6.1.2 防毒口罩

防毒口罩属于过滤式呼吸防护用品，其过滤材料的核心由活性纤维与超细纤维材料组成。活性炭、活性纤维用于滤除、吸附有毒蒸气和气体，超细纤维材料用于阻隔、滤除空气中的有毒有害颗粒及溶胶。相对于防尘口罩，防毒口罩除可过滤空气中的灰尘、颗粒、气溶胶，也可过滤、中和有毒有害蒸气。防毒口罩的样式一般有半面式、口罩式两种。

防毒口罩常用于以下生产领域或工作场合：石油化工、橡胶加工、皮革制作、钢铁冶金、火灾救援、实验研究等。防尘口罩适用的范围也取决于污染物种类。这类污染物的特点是工作场所或环境中存在一定浓度的有毒有害颗粒、蒸气、气溶胶等污染气体。

6.1.3 过滤式防毒面具

过滤式防毒面具的过滤材料由活性炭纤维、活性炭及超细纤维材料组成，是一种过滤式呼吸防护装备，由滤毒罐（盒）和过滤元件组成。滤毒罐（盒）与过滤部件直接相连或通过导气管相连接，结构上称为直接式和间接式。过滤式防毒面具与防毒口罩在功能设计上防护效能相近，能够防护灰尘、大颗粒、气溶胶，也可以防护有毒、有害气体或蒸气。相对于防毒口罩，过滤式防毒面具防护范围更广，防护时间更长，可以滤除的有毒有害颗粒物、气溶胶、气体、蒸气的浓度阈值更高，具备更高的安全性。此外，过滤式防毒面具密合效果通常更好，具备更高的防护效能，可提供更全面的保护。具体而言，过滤式防毒面具除可以保护口、鼻等呼吸器官外，也可保护眼睛及面部裸露皮肤免受有毒有害物质的直接毒害。

过滤式防毒面具常用于以下生产领域或工作场合：化学工业、医药加工、石油炼化、矿石开采加工、危化品储运、军事工业、特殊科学研究等。

6.1.4 紧急逃生呼吸器

紧急逃生呼吸器特为紧急情况下人员逃生而设计，通常包括专用的火灾逃生面罩以及可用于其他危急情况下的隔绝式呼吸器等。火灾逃生面罩为过滤式呼吸防护装备，具有滤除粉尘、有害气体、气溶胶以及一氧化碳的功能。隔绝式呼吸器与火灾逃生面罩相似，仅防护时间与设计外形之间存在差异。按照这些呼吸器的使用目的，为了减轻设备重量，降低人员逃生过程中的体能消耗，方便携行、穿戴，增加逃生及获得救援机会的可能，这类呼吸器一般有以下几个特点：使用简单、便于穿戴；有效使用时间通常为15min左右，可保证提供足够的逃生时间；设备较轻，降低体力消耗；颜色鲜艳或为荧光材料，视觉冲击力强，便于被救援人员发现。

6.1.5 长管呼吸器

长管呼吸器最突出的特点是具有较长的导气管（50～90cm），可与移动供气源、移动空气净化站等配合使用，主要采用压缩空气钢瓶作为气源，也有的采用过滤空气为气源。长管呼吸器特别适合在复杂的火场救援和大范围的化学、生化及工业污染环境中连续长时间作业使用。

长管呼吸器常用于以下生产领域或工作场合：石棉加工、其他有毒矿物加工、核材料加工、核废料储运以及剧毒危化品加工如异氰酸盐、涂料喷洒等。

6.1.6　动力送风式呼吸器

动力送风式呼吸防护用品主要是采用气体过滤与动力加压送风相结合的设计为用户提供呼吸气源。动力加压送风可明显降低呼吸阻力，由于呼吸器面罩内形成正气压，所以能够提高使用者的舒适感并确保防护的安全性。动力送风式呼吸器常用于儿童、伤员救护或高原氧气稀薄环境下使用。

该类面具的主要应用领域及场合包括：车辆保养、工厂、喷农药作业、造船厂焊接作业、金属材料研磨作业等，此外在军事及民用防护领域也有应用。

6.2　常见的呼吸防护装备及使用方法

个体呼吸防护装备是人在生产和生活中为预防物理、化学、生物等有害因素伤害人体呼吸器官而穿戴和配备的各种物品的总称。个体呼吸防护装备的个体呼吸防护是作业者根据生产过程中不同性质的有害因素，采用不同方法，保护自身机体免受外来伤害。个体呼吸防护的主要方式是穿戴个体呼吸防护装备，其防护原理是将进入人体的气体与外界的气体相对隔离的物理防护机制。个体呼吸防护是预防职业危害，保护人员健康与安全的重要措施和最后防线。应急救援中的个体呼吸防护装置是指为了保护突发公共卫生事件处置现场工作人员的呼吸系统免受化学、生物与放射性污染危害而设计的装备，包括防护眼（面）护具、呼吸用品等，以预防现场环境中的有害物质对人体的健康危害。按照防护的等级和防护的物质不同，采取不同的呼吸防护装备，而他们的佩戴方式也是各不相同。

6.2.1　常见的呼吸装备

在日常生活中常见的呼吸装备主要有口罩、过滤式防毒面具、氧气呼吸器、空气呼吸器、生氧呼吸器、紧急逃生呼吸器等。

6.2.2　防尘口罩的使用方法

防尘口罩是日常呼吸防护使用最广泛的装备，它的佩戴使用方法分为以下三步(见图 6 – 1)：

第一步：将防尘口罩(一次性口罩)颜色深的朝外，颜色浅的一面面对面部，把白色鼻条置于上方；

第二步：使用双手拿住口罩的耳带，将耳带佩戴至耳后；

第三步：将口罩整理至舒服的情况后，使用手指将白色鼻梁条沿鼻梁两侧按紧，将口罩下端将下巴覆盖住。

图 6 – 1　口罩佩戴使用方法

6.2.3　防毒口罩的使用方法

防毒口罩、防尘口罩的过滤效果更高，成本更贵，一般都是在特殊的工作环境或者特殊的情况下才会被使用。这类口罩的使用方法与普通的尘口罩的使用方法略微不同。可以将佩戴使用方法分为以下四步(见图 6 – 2)：

第一步：取出口罩，将无鼻夹的一面面对面部，使用双手分别拉住两边的耳带，让鼻夹处于口罩上部；

第二步：使口罩抵住下巴；

第三步：将耳带拉至耳后，调整口罩的位置，感觉舒适后，将耳带佩戴在耳后；

第四步：鼻夹中部向两侧边移动边按压，直至鼻夹与鼻梁相吻合。

6.2.4 过滤式防毒面具的使用方法

过滤式防毒面具是一种过滤式大视野面屏，能有效地保护佩戴人员的面部、眼睛及呼吸道免受毒气及颗粒物伤害的呼吸防护装备。使用过滤式防毒面具的步骤主要分为三大部分（见图6-2）：

第一，使用前的检查。必须选择适合使用条件的滤毒罐和面罩。检查滤毒罐，滤毒罐必须密封且完好无损，保证使用前为有效的。

第二，使用时的佩戴。取出滤毒罐，去掉罐口和罐底的封盖；将滤毒罐拧紧到面罩上，佩戴面罩。在佩戴面罩时的步骤又可以分为：穿戴时，首先双手将头带分开，接着把下巴放入下巴托；然后向下拉整个头带（确保带子在头顶上放平），接着均匀且稳定地拉紧头带，先收紧颈部两根，再收紧太阳穴处两根，最后收紧头顶上的一根；戴上防毒面具后，用手掌封住供气口吸气，如果感到无法呼吸且面罩充分贴合则说明密封良好；完成以上步骤后即可正常呼吸。

第三，使用完毕之后，首先松开头带，方法是用手指向前推各条带子上的带扣；接着抓住面罩下部的连接口，将面罩向外拉，脱下面罩；将滤毒罐的罐口和罐底用盖子盖好封好，使滤毒罐处于密封状态，失效的滤毒罐应及时更换；存放好防毒面具，以备下次再用。

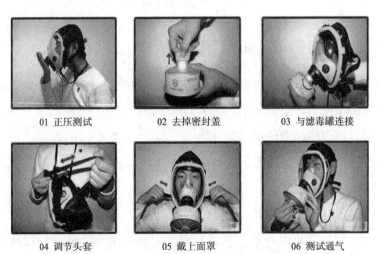

01 正压测试　　　　　　02 去掉密封盖　　　　　　03 与滤毒罐连接

04 调节头套　　　　　　05 戴上面罩　　　　　　06 测试通气

图6-2 过滤式防毒面具佩戴使用方法

6.2.5　氧气呼吸器的使用方法

氧气呼吸器顾名思义就是与外界空气隔绝、依靠自身供给氧气的防护装备。在使用前，首先要对氧气呼吸器进行检查氧。第一，气瓶内的氧气压力，要保持在 980N/cm² 以上；第二，清净罐内装填的氢氧化钙吸收剂要为粉红色圆柱状颗粒；第三，注意各密封垫圈是否齐全，啮合程度、阀门是否良好，自动排气阀工作是否正常，以及手动不及供氧是否有效。只有以上的条件都有效才可以佩戴使用。

在使用时，将合格的呼吸器放在右肩和左腰际上，用腰带固定好，打开氧气阀，检查压力，动手补给使气囊内原有气体排出，托上面罩，四指在内拇指在外，将面罩由下颚往上戴在头上，然后进行几次呼吸，观察呼吸器内部机件是否良好，确认各部分正常后，即可进入毒区工作。

6.2.6　空气呼吸器的使用方法

空气呼吸器的佩戴使用方法分为以下几个部分（见图 6 - 3）：

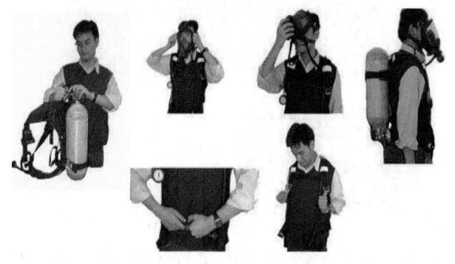

图 6 - 3　空气呼吸器佩戴使用方法

使用前检查空气呼吸器部件是否无缺损，接头、管路、阀体是否齐全；检查供气系统，气密性和气源压力数值是否达标。

　　佩戴时，关闭供气阀的旁路阀和供气阀门，打开瓶阀开关，全面罩戴在头部；供气阀门应能自动开启并供气，检查气瓶是否固定牢固；断开空气呼吸器，瓶阀向下背在背部；不带快速接头的空气呼吸器，分离全面罩和供气阀，瓶阀向下背在背部。根据身高腰围调整背带的长度并扣好腰带；调整压力表使其便于观察，插好快速接头，连接空气阀和全面罩；没有快速接头的空气呼吸器将全面罩挂在脖子上，瓶阀开关打开一圈，佩戴全面罩，供气后观察压力表。若有回摆，再打开些。

　　使用结束后，取下空气呼吸器，松开全面罩系带，关闭供气阀门，取下全面罩，脖带挂在脖子上，关闭瓶阀阀门，解开腰带卡子。调节腰带卡子，自动拉长，从人体取下空气呼吸器放在无污染的地方。

6.2.7　紧急逃生呼吸器的使用方法

　　紧急逃生呼吸器是一种在紧急情况下人员逃生使用的呼吸防护装备，它的使用方法可以分为六步(见图6-4)：

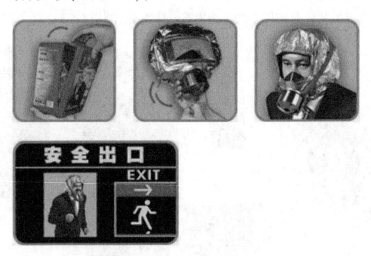

图6-4　紧急逃生呼吸器使用示意图

　　第一步：将背包套挂在脖子上或斜挂在肩上，适度调整背带，打开背包的袋口，抓住头罩并取出；

　　第二步：撕开背包上气瓶阀处的盖头，逆时针方向拧开气瓶阀直至完全打开，此时应有气流声；

第三步：将透明面窗向前把头罩套在头上，颈口处自动缩紧在脖子上，自由呼吸，整理好头罩位置，使双眼能够最佳观察到周围的环境；

第四步：尽快选择合适的路径迅速向外逃离到安全地带，除非是逃离时的唯一路径，应尽量避免进入危险气体腹地；

第五步：逃生动作完成后，双手抓住头罩下端的松紧带并向外撑开，向上脱出头、颈部位；

第六步：顺时针方向关闭气瓶阀。

6.3　呼吸防护的最新技术及成果

近年来，由于各项技术与材料都在发展，出现了一大批可以用于呼吸防护的新材料与新技术，因此各个国家的科研人员都开始了对呼吸防护的研发。比如现在的空气呼吸器采用新材料改变瓶体的重量，同时还可以将瓶内的气体再次加压，将气体由以前的30MPa加压至60MPa，这样就可以存储更加多的气体，除此之外将电子传感技术应用在空气呼吸器上。概括来说，在呼吸防护这一方面科研人员采取的措施有：改进呼吸防护装备的材料、应用电子传感技术、改进佩戴的舒适程度简化佩戴程序，对于过滤式呼吸防护装备还会考虑改进过滤层，比如提出的新型湿润型呼吸防护装备、模块化呼吸防护装备等。

呼吸防护产品问世后，在近80年的时间里，为保护人类的生命安全发挥着重要的作用。随着科学技术的发展，材料工艺的进步，防护面具将向高效能、防毒杀菌净化空气于一体、小巧、舒适、佩戴方便发展。防护面具上需装上失效指示器，以便提高产品的安全性和毒害环境适应性，更好地起到防护作用。普通人群选择民用口罩时应根据口罩的颗粒物防护性、口罩的安全性和口罩的呼吸舒适性三大原则来选择。针对这三个问题，国内学者对口罩开展了大量研究。

6.3.1　防毒面具的发展新方向

伴随着专业化、智能化的发展，防毒面具将不再只具有单纯的防护功能，将会拥有其他的功能如抗菌、智能化功能等。智能化防毒面具在当前防毒面罩的基础上，添加新型毒气感知原件，可对滤毒罐效能进行实时智能检测，可在滤毒罐失效前发出预警及更换指示。随着电子工业的进步，微型化、集成化的电子元器件为毒气探测装置在防毒面罩上安装提供了技术可行性。有国内研究团队提出：可在防毒面具中加装智能检测装置，用以分析渗入面具内层的毒气浓度。该检测装置在使用者戴上面罩后通过手动模式开始工作，通过安装在面具外侧的专用启动开关控制检测仪运行。综合来看，近年来对传统空气呼吸防护装备的改进多为加装智能电子元件，如个人安全警示、电子报警器、电子气压表、报警显示器等。2008 年 10 月，美国国土安全部科学技术理事会提出空气呼吸器设计的全新的革命性理念：即将以新型平行排列的多组储气装置替代传统空气呼吸器中圆柱状碳纤维复合气瓶，该设计可使当前空气呼吸器的体积下降 50%。此外，新储气装置由新型塑形材料制造，可使当前空气呼吸器的重量下降 33%，从而大幅提高空气呼吸器的灵活性和机动性，从根本上减轻用户的生理压力。与此同时，Scott 安全公司(英国)研发出了新一代应急响应防毒面具。该面具由电动式过滤防毒面具、圆形 Din40thread 过滤器、正压式空气呼吸器和输气管等部件组成。通过采用新技术简化操作流程、降低使用者负荷。Scott 面具采用模块化设计，由多种模块化附件及排气构件组合而成。该呼吸防护面具模块方便使用者清洗、维护，同时可安装无线通信设备、声音放大器等装置。传统空气呼吸器通常只能在限定的时间内(如 15min 内)向救援或逃生人员供气，无法实时评估呼吸器消耗情况，不能做到呼吸器故障自检，当救援或逃生人员遇险、需要寻求外界援助时，或者需要通知其他救援人员撤离险地时，无法建立稳定通信联系。近年来，有科研人员提出将遥测技术用于呼吸防护装备的数据传输，旨在建立防护数据网络。具体而言，它利用无线遥测技术，不受 900MHz 无线频率的使用许可限制，具有远距离稳定传输、穿透力强、抗干扰能力强的优点，可将收集、汇总的空气呼吸器效能状态信息实时传输到救援指挥中心。现场救援指挥中心可对空气呼吸器使用者进行遥测监护，通过一系列集成产品单元，将自动测量、记录的信息模板化处理，实现独立性与协作性的有机整合，构成完整数据链。该遥测监护产品单元，通常包括电子发射器、数据接收器、基站、管理系统、系统识别卡等。上述信息处置系统已实现运行。总的来看，新一代智能化空气呼吸装备及个人防护网络系统的构建实现了呼吸防护装备、救援或逃生人员、救援指挥中心三方之间史无前例的数据通信功能。该数据传输功能，可为救援或逃生人员提供更加智能、安全的防护网络。目前，香港消防员已采用了这种新型智能呼吸防护装备。

6.3.2　过滤式呼吸器国内外发展现状

过滤式呼吸器一般分为自吸过滤式与电动送风式两种。自吸过滤式呼吸器，利用使用者自身呼吸运动作为空气流动的动力源，通过呼气与吸气过程将空气从呼吸器外吸入呼吸器内部，再通过呼吸道进入人体。在空气从呼吸器外进入呼吸器内的过程中，呼吸器的过滤元件对经过的空气进行过滤，滤除空气中的有毒、有害物质，保证人体吸入的空气洁净安全。自吸过滤式呼吸器结构简单，通常为轻量化设计，便于携带，方便佩戴，一般不阻碍视野是其优点。但由于其"自吸"的空气动力学设计，空气在通过呼吸器过滤元件时，由于结构材料与纤维的阻挡，会产生一定的空气阻力，而使佩戴者在吸气时感受到一定的呼吸阻力，导致其佩戴的舒适性一般较差。但由于自吸过滤式呼吸器使用便捷，价格低廉，因而目前市场占有率最高，人群使用率最高。

电动送风式呼吸器的过滤元件与自吸过滤式呼吸器相近，在功能设计上亦是滤除空气中的有毒有害物质。与自吸过滤式呼吸器不同，电动送风式呼吸器依靠呼吸器装备的电动马达，由电池提供动力马达运转的能量需求，通过电动装置将空气吸入，经过滤元件过滤后，由呼吸管进入呼吸器内部。空气通过呼吸器的"动力源"来自电动马达，无需通过使用者自己的呼吸运动来提供空气流动的动力，因而佩戴者在呼吸时没有自吸过滤式呼吸器的"费力感"，使用者的舒适性较好。通常电动送风式呼吸器的电机往往佩戴于使用者的腰部，不会妨碍使用者视线，不会对使用者鼻部、耳面部、颈椎产生压力。电动送风式呼吸器通常为分体式设计，过滤元件材质、尺寸及效能均优于自吸过滤式呼吸器，可以提供更长的有效使用时间，更全面的防护效能。但总体而言，电动送风式呼吸器结构设计相对复杂，动力设备通常需要单独配置，成本较高，并且在使用维护保养的过程中比自吸过滤式呼吸器复杂，因而市场占有率低于自吸过滤式产品。

过滤式防毒面具，是防毒面具最为常见的一种。过滤式防毒面具适用的主要领域和场合有：化学工业、石油工业、军事、矿山、仓库、海港、科学研究机构等。

各国开始对防毒面具进行研究是由于一战中防毒面具的产生，它在战场中发挥着重要的作用。随着时代的进步，科学技术的不断发展，更多材料的应用、不同工艺的研发使得防毒面罩逐渐更新换代，其舒适性与防护性都有了明显提高，防毒面具不仅开始用于军事防护，工业防护、劳动保护和应急救援等领域也逐渐涉及。

目前国外主要应用的防毒面具为第四代防毒面具。英国使用的防毒面具一般是 S10 型防毒面具，该面具由于其重量轻、携带方便、密封性好、便于洗消的特点而被军队、居民大量采用。

第五代防毒面具以美国 M50 型防毒面具和英国 GSR 型面具为代表，因为它的滤毒罐选择的是如今世界上先进的过滤材料：环保型无铬浸渍炭、穿透剂防护炭(PP 炭)及结合炭。所以它在防护性、舒适性和适用性方面都遥遥领先其他面具。

我国关于防毒面具的研究和生产相对于国外来说起步较晚，在种类和改进方面也比较落后，但我国正在努力追赶前沿的国家，不断提高生产技术水平，研究更新更好的过滤材料。MD－2 型面具是其生产的一种消防人员专用的防毒面具；MF27 型防毒面具主要用于部队作战、反恐及公共突发事件应急处置等。

通过文献了解目前防毒面具的设计越来越追求使用者的舒适度。但是过滤式防毒面具要比空气呼吸器的防护性能要差，因而在消防部队中使用较少，仅作为备用的防护装备。因其主要防护气体为一氧化碳，不能对烟气的有害成分进行全面防护。

6.3.3　空气呼吸器国内外发展现状

空气呼吸器是一种自给开放式的呼吸器具，主要用于消防员或抢险救护人员在针对火灾、浓烟、毒气等环境下进行灭火、抢险救援工作。

目前消防部队使用最广泛的空气呼吸器配备的气瓶为 6.8L，额定工作压力为 30MPa。空气呼吸器的工作时间一般为 30～360min，而劳动强度是影响空气呼吸器使用时间的重要因素，杜欣对不同作业条件下空气呼吸器供气性能作了测试，结果显示消防员在平地搀扶救人时呼吸量为平地行进的 2 倍，攀爬楼梯的耗气量是平地的近 4 倍。

近些年，上海消防研究所研制的新型 40MPa 高压大容量空气呼吸器，提高 88% ~ 107% 的使用时间。

目前，我国生产空气呼吸器的公司有 20 余家，各大厂家根据抢险现场实际需要和反馈的信息，开发研制了通信空气呼吸器面罩，能够实现即时通信功能。

综合上述研究可知，目前空气呼吸器的改进主要是对其性能的提升、使用的舒适性、空气呼吸器与使用者结合等方面。但由于空气呼吸器自身较大的质量和面罩对通信的影响，不到情况危急时可采取其他方式保护。由此可见，空气呼吸器的优点与缺点同样明显。

6.3.4　口罩国内外研究现状

从 19 世纪 90 年代开始，为了避免细菌进入口鼻造成人体感染，医护领域开始使用口罩。2003 年"非典"疫情的爆发掀起了全民购买口罩的热潮，口罩一时间供不应求；2013 年由于 $PM_{2.5}$ 空气危害的出现，让人们意识到口罩在这种恶劣天气的重要性。2019 年的新冠疫情，将口罩的使用再次推上一个高潮。

口罩生产标准可谓各式各样，目前国内人们购买的口罩的标准主要分三大类：民用口罩、劳防用口罩和医用口罩。当下由于燃煤、机动车尾气排放、工业排放、道路扬尘等原因，导致大量的一氧化碳和细小微尘颗粒产生，使得全国各地的 $PM_{2.5}$ 颗粒物均大幅度超标。防雾霾口罩因此被人民群众广泛使用，有相关研究者通过对市面上的几种口罩进行实验对比，发现防尘要求比较高的口罩效果比较好，而普通的纱布口罩效果并不能满足防护要求。由于新冠病毒的影响，带有过滤式呼吸器的劳防口罩 N95 口罩，以及医用外科口罩和一次性医用口罩也被日常使用。

在最新的研究中，安徽合肥投产的新冠病毒灭活口罩可重复使用 60 次，该口罩颜色为橙红色，它所使用的无纺布中含有活性金属铜离子，能够杀灭新冠病毒。

口罩的使用在现在的生活中已经十分普遍和方便，但是其性能无法达到防护烟气的标准。李建华副教授研究的溶合润湿型火灾疏散防毒防烟口罩使用碳酸钠溶液对口罩进行润湿的设计，利用碱溶液与火场中的一些有毒有害气体进行反应，是口罩产品应用于火场逃生呼吸防护用品的一次探索。

现阶段，口罩使用已非常频繁，随着平日生活空气的污染源越来越多，随着不同病毒的出现，口罩的更新换代也应该加速。其功能性也应该随着环境的改变、需要阻隔微粒的改变而改变。

6.3.5　呼吸防护新技术及成果

6.3.5.1　新型 TiO_2 过滤防毒面具

武警学院的王永明教授团队设计出新型 TiO_2 过滤防毒面具，其原理如下所示。

$$有毒有机气体（苯，甲醛等）\xrightarrow[\text{纳米 }TiO_2]{\text{紫外光，可见光}} CO_2 和 H_2O \text{ 杀死细菌和病毒}$$

纳米 TiO_2 是一种经 FDA 认证了的无毒、实验室制备方法较成熟的化学物质，纳米 TiO_2 光催化化学在能源和环境方面的应用是一直以来的研究热点，在环境方面用于污水处理和空气净化，在医疗卫生方面用于抗菌消毒。

王永明率先将纳米材料光催化技术应用到防毒面具中，创新性地选用了活性炭纤维（ACF）作为滤毒罐中新的负载材料，质轻，快速吸附效果好，便于后续处理。通过实验得出了新型 ACF 负载纳米 TiO_2 材料通过简单处理（水洗、光照等）可以反复使用的规律，保证了良好降解效果的延续性，从而大大延长了滤毒罐及其填充材料的使用寿命，提升了滤毒罐的性价比。

6.3.5.2　创新地采用溶合润湿型技术，研发出新型防毒防烟口罩

针对危险化学品事故及火灾中典型毒害气体的个人呼吸防护问题，基于酸碱中和和络合反应原理，采用溶合润湿技术，将饱和吸附性溶液（Na_2CO_3、$CuCl_2$ 等吸附溶液）负载在具有良好吸水和透气性的丙烯酸基复合材料上，创新性地研发了一种溶合润湿型防毒防烟口罩。该口罩通过物理过滤气溶胶和化学中和吸附毒气双重作用，实现了对低浓度的 Cl_2、HCl、SO_2、NH_3、H_2S、NO_x 及烟气等毒害气体的有效防护。按照 GB 2890—2009 进行测试，过滤效率超过 99.70%，85L/min 呼吸阻力为 46Pa，吸气阻力为 57Pa，有效防护时间超过 15min 最佳逃生时间，达 20min 以上。化学灾害事故发生时佩戴该口罩，可有效防护毒烟的伤害，为人员安全疏散逃生争取更多的时间。

当发生火灾时，消防员进行火灾救援时，进入火场人员必须佩戴全套的防护装备，如防火服、空气呼吸器、水枪、通信设备等。我们制作的简易防护面具还不足以支持长时间的火灾处置任务，但对于火场外围的消防指战员，由于距离火场存在一定距离，便很容易忽视火灾烟气的危害性，不做个人的呼吸防护，久而久之，也会对身体造成一定的伤害。针对这种情况，融合润湿防护面罩便可以派上用场，它不仅具有一定的过滤功能，起到对呼吸的保护，而且便携，不会对身体造成负担。

当救援人员进入火场工作时，针对不同程度的火灾可以佩戴不同的呼吸防护装备，若是小型火灾，烟气覆盖不大，浓度不大，可以佩戴融合润湿防护面罩，会减轻身体的负担和压力，对火场救援有一定帮助，节省时间和体力。若是大型火灾，还是得佩戴空气呼吸器或者氧气呼吸器。

当居民在家中遇到突发火灾，需要进行快速火场逃生时，也可以佩戴融合润湿防护面罩，它可以短时间地对呼吸和面部进行保护，免受火灾烟气的危害，为逃生争取有利时间，并且因为它的便携，不会消耗逃生人员的体力，更加增大了逃生的成功性，使火灾伤亡率降低。

化学灾害是指有毒有害的化学物品在生产、使用、经营、储存和运输过程中，由于人为或自然的原因，引起泄漏、污染、起火、爆炸，造成人员伤害或财产损失的事故。

在面对化学灾害事故时，消防指战员一般处于事故现场的上风方向，相对来说有毒有害气体浓度较低，危害较小，佩戴融合润湿防护面罩也完全能起到防护的作用。

在深入灾害现场进行工作时，因为危险化学品种类多，毒性强，挥发性强，对人员伤害性大，情况复杂，救援难，处理的时间也会较长。融合润湿呼吸面罩在这种环境下可以使用的时间大约为 20min，所以需及时更换，也需及时做洗消处理；在面对更加严重的灾害时，应需要佩戴防护性更强，防护时间更久的防毒面具。

普通居民在遇到化学灾害、进行逃生时，可以佩戴防护面罩往上风方向进行逃生，对呼吸系统和面部防护起到一定作用，它的防护时间也能够支持居民逃到安全的环境，它的便携性同样使逃生的时间大大缩短，减少了受污染的时间，增大了逃生的成功率。

我国相关单位和科学家开展了上述研究工作，取得了不少突破，但是针对整体防护性能和高效率过滤材料研发方面还存在差距。发达国家呼吸防护产品的研究主要集中在面罩主体的材料研制、过滤材料的选用与配置、过滤效率的提高、呼吸阻力的降低等上，且研究水平已经有了很大的突破，各种颗粒物的过滤效率可高达99.9%。欧美国家在高性能过滤材料和人体工学设计方面超前我们很多，由于技术先进，收购整合，欧美企业在高端口罩和相关知识产权方面已经形成垄断。

目前，口罩已经是人们经常佩戴的防护品，需求量极大，同时，对其整体性能要求也日益提高。我国应当加大科研力度，集中力量攻关，争取在高效率净化过滤芯材、整体防护性能及过滤层设计、人机工程学、时效性方面有所突破，研发出普适性强、质优价廉的防护口罩面罩产品，获得相关的知识产权，打破垄断，为人民生命安全提供保障。

6.4　呼吸防护标准

在特殊行业生产与日常生活中，工作人员不可避免地会接触到自然的或工业生产中产生的有毒、有害物质。为保障工作人员的健康权益，维护工业生产安全高效平稳进行，《职业病防治法》明确规定："生产企业有责任和义务向员工发放劳动防护用品，以保护劳动者生命健康安全。"

6.4.1　国内呼吸防护标准

早在1993年，我国相关部门就明确了劳动防护用品的选用要求，详细内容见于《劳动防护用品选用规则》。2005年，《个体防护装备选用规范》更新了劳动防护用品选用的新标准。新标准中，就个体防护装备的内涵、分类进行了明确。具体而言，按照人体主要功能区划分，个体防护装备包括：呼吸防护装备、眼部防护装备、头部防护装备、听力防护装备、手部防护装备、皮肤防护装备、躯干防护装备、坠落防护装备以及足部防护装备。此外，新标准详细描述了上述个体防护装备的防护性能，以及不同类别防护用品的有效防护要求指标。与国际发展水平相比较，我国在呼吸防护领域的研发起步较晚。但是最近几十年间，随着我国经济社会的长足进步，在呼吸防护标准化上，我国已逐步与国际主流标准接轨。目前，对于呼吸防护装备，我国已制定了多个呼吸防护产品的国家标准：《自吸过滤式防颗粒物呼吸器》《自吸过滤式防毒面具国家标准》等。这些标准，多为强制执行标准，一些为推荐执行标准，对呼吸防护设备的选择、使用与维护方面进行了明确的规定。颗粒物呼吸防护器、呼吸防护面具实施和执行与国家的标准密切相关，是为了完善工业产品体系，负责这套标准实施的单位是国家质量监督管理局。"特种"个体呼吸防护装备由我国的安全生产监督管理局执行和监管，生产加工该系列产品需要得到劳动安全标识认证。针对颗粒物的呼吸防护标准 GB 2626—2006《呼吸防护用品　自吸过滤式防颗粒物呼吸器》是于 2006 年由我国标准委员会批准设立的项目。在此之前我国针对颗粒物呼吸防护产品的标准为 1992 年颁布的《自吸过滤式防尘口罩通用技术条件》，以及行业标准《防尘口罩》。在这些标准中，仍使用滑石粉作为测试介质来检验口罩的防护效率。在该标准进行测试时，含有粉尘的空气的流速需要按照该标准中的规定进行，要求粉尘的过滤效率要大于等于标准中规定的过滤效率。GB 2626—2006《呼吸防护用品　自吸过滤式防颗粒物呼吸器》的实施可以说对于我国颗粒物呼吸防护装备整体产品质量提升、意识提升起到了举足轻重的作用。该标准对不同的呼吸器元件进行了规范，在一定程度上确定了呼吸器的防护效率。该标准将颗粒物防护过滤元件分为两大类，三种不同的过滤级别（见表 6-1）。

表 6-1　过滤元件标准与级别

过滤原件类型	面罩类型		
	随弃式面罩	可更换面罩	全面罩
KN 类	KN90	KN90	KN95
	KN95	KN95	KN100
	KN100	KN100	
KP 类	KP90	KP90	KP95
	KP95	KP95	KP100
	KP100	KP100	

同样 GB/T 18664—2002《呼吸防护用品的选择、使用与维护》的颁布和实施对于我国呼吸防护有着重要作用。在该标准实施前，我国仅有《劳动防护用品选用规则》作为参照。该标准将不同的劳动类型进行分类，并推荐使用相关防护用具，分类的方法并无任何评估与危害辨识。例如针对焊接作业，仅推荐使用口罩，但对于焊烟的浓度、污染物类型却没有说明和分析。此外，对于呼吸器如何使用和维护亦没有涉及。而新标准则对于呼吸器的选取进行了明确的分类，首次提出了不同类型呼吸器的指定防护因素的概念，同时要求基于危害分析选择合适的呼吸器。并首次指出对于低防护效果的呼吸器不得用于高危害环境，且引入立即危害生命及健康浓度等多个新的概念，使得诸多高危险职业有了保护标准，例如煤矿、冶金、机械制造等，在其选择和使用呼吸防护用品时有了更为科学和详尽的参照。详细的呼吸器的指定防护因数见表 6-2。

表 6-2 呼吸防护器的指定防护因数

各类防护用品的 APF			
呼吸防护用品类型	面罩类型	正压式	负压式
自吸式过滤器	半面罩	不适用	10
	全面罩		100
送风过滤式	半面罩	50	
	全面罩	200~1000	
	开放式面罩	25	
	送气头盔	200~1000	
供气式	半面罩	50	10
	全面罩	1000	100
	开放式面罩	25	不适用
	送气头盔	1000	
携气式	半面罩	>1000	10
	全面罩		100

危害因数的概念在《呼吸防护用品的选择、使用与维护》中已经明确给出，即空气污染物浓度与国家职业卫生标准规定的浓度限制的比值，取整数。佩戴者所选择的呼吸器的指定防护因数必须高于污染物环境现场的危害因数。具体的选择逻辑可以参考表 6-3。

表6-3 呼吸防护用品的选择

防尘面罩	不能用于防毒
防毒面具	没有防护过滤原件不能用于防尘
滤毒盒	当颗粒物具有放射性、致癌性等高毒性时选用过滤等级最高的过滤材料
防尘防毒组合防护	当颗粒物具有挥发性时采用
全面罩	当有害物刺激眼睛和皮肤时采用
供气式呼吸防护产品	当无合适的过滤元件时采用

虽然目前《呼吸防护用品的选择、使用与维护》仅作为推荐标准，但其已经发挥了极强的指导作用，同时该标准对于行业的影响力将持续存在。

6.4.2 美国呼吸防护标准

欧美发达国家在呼吸防护标准上的进步，对于我国的呼吸防护标准的制定起到了指引作用。早在1919年美国就有了呼吸器认证，而随后由于第一次世界大战，以及第二次世界大战的爆发，欧美国家的步伐略有放缓，但很多技术与理念仍然依靠军事平台有了飞跃。1995年，美国国家职业安全卫生研究所(NISOH)首先发布了新的呼吸器标准和法规42 CFR part 84。该标准是替代了实施近一个世纪的原美国矿山安全监察局的标准。1998年，美国职业安全卫生管理局(OSHA)颁布了最新的呼吸保护标准29 CFR 1910.134。前者首先将呼吸防护过滤元件分为3个级别和3种用途，见表6-4。

表6-4 过滤元件级别与用途

过滤效率	仅针对非油性颗粒物	针对油性和非油性颗粒物（防护时间不超过8h）	针对油性和非油性颗粒物（防护时间因制造商而定）
95%	N95	R95	P95
99%	N99	R99	P99
99.7%	N100	R100	P100

针对OSHA颁布的29 CFR 197.134，则美国NIOSH的42 CFR84标准的要求更为广泛，影响力更为深远，其从劳动雇主，企业最低劳动防护用品配置，呼吸防护计划，呼吸器选择与使用，呼吸器适合性检验及呼吸器佩戴者的医学评估等都提出了相关要求。OSHA于2007年对于标准进行了更新和完善，其中最大的

进步是引入了指定防护因数的概念，使得该标准的应用得到进一步的完善和加强。

6.4.3 欧洲呼吸防护标准

欧洲对于呼吸器的法规更新工作亦走在世界前列，其中于 2001 年颁布并实施的 EN 149：2000 又是另一个主流的呼吸器标准，其对于颗粒物防护口罩的分类见表 6 – 5。

表 6 – 5 欧洲颗粒物防护口罩标准

分类	FFP1	FFP2	FFP3
过滤效率	80% 以上	94% 以上	99% 以上

可见欧洲的口罩分类并没有明确区分油性和非油性颗粒物，而是统一使用氯化钠和石蜡油进行测试，其测试颗粒物的粒径要求与美国标准类似，但测试的空气流量更大。相比美国，欧洲在呼吸器测试过程中考虑到了总体泄漏率的概念，其主要是考虑呼吸器在佩戴于使用者面部后，其实际从过滤元件以及面部接合部位的总体泄漏情况。而美国标准仅单一考虑面部适合性要求，不考虑过滤元件差异而产生的泄漏情况。

6.5 使用呼吸防护装备的注意事项

6.5.1 呼吸防护装备的使用注意事项

呼吸防护用品的使用时应注意以下 6 个方面：

(1) 任何呼吸防护用品均有其局限性，使用者在使用前，对此局限性应有清楚的了解。

(2) 使用呼吸防护用品之前，应仔细阅读使用说明书或接受适当的使用培训。

(3) 使用前应检查呼吸防护用品的完整性、适用性和气密性，符合有关规定才允许使用；必要时检查电池电压、气瓶气压等。

(4)进入有害环境之前，应先戴好呼吸防护用品。对于密合型面罩，应检查佩戴气密性，确保佩戴正确并气密。

(5)在有害环境中的作业人员应始终佩戴呼吸防护用品，必要时，可迅速离开有害作业环境，更换新的呼吸防护用品后再行进入。

(6)在低温环境中使用的呼吸防护用品，其面罩镜片应具有防雾化，保持透明功能。

6.5.2　呼吸防护用品的维护检查与保养

(1)应按使用说明书的要求，对呼吸防护用品定期进行检查和维护。

(2)使用者不得自行拆卸滤毒罐或过滤盒以更换吸附剂或滤料。

(3)应按国家相关规定，定期到具有资质的锅炉压力容器监督检验机构检验高压气瓶。

6.5.3　清洗与消毒

(1)呼吸防护用品使用后，应按使用说明书规定的方法清洗和消毒。

(2)对于过滤式呼吸防护用品，清洗和消毒前应将滤毒罐或过滤盒卸下。

6.5.4　保管与储存

(1)呼吸防护用品应按规定置于包装箱或包装袋内，应避免面罩受压变形，滤毒罐应密封储存。

(2)呼吸防护用品应在清洁、干燥、通风良好的房间储存。

(3)呼吸防护用品不能与油、酸、碱或其他腐蚀性物质一起储存。

(4)应急救援用的呼吸防护用品应处于备用状态，并置于管理、取用方便的地方，放置地点不得随意变更。

6.6　呼吸防护装备的选用

在石油化工、冶金生产、消防救援、喷漆装修等生产及救援场所存在大量的有毒有害物质和粉尘颗粒物，它们以气体、粉尘或蒸气形态存在。根据能量意外释放理论，事故是能量或危险物质的意外释放引起的，作用于人体的过量的能量或干扰人体与外界能量交换的危险物质是造成人员伤害的直接原因，系统中存在的、可能发生意外释放的能量或危险物质被称作第一类危险源。现场工作人员长时间接触以上有毒有害和粉尘物质就会通过呼吸系统或其他途径进入人体，长时间接触引起呼吸道、肺部、心脏、血液等多种疾病，甚至有诱发癌变的可能。所以在工作时应加强此类危险源的管控，除采取必要的如密闭通风排毒系统、局部排气、气体净化等安全技术手段以外，正确使用呼吸防护用品，做好个体安全防护工作，是坚守身体健康的最后一道防线。因此为了保证呼吸系统的安全，就需要在生产、生活及救援场所中选取合适的呼吸防护装备。

首先，呼吸防护用品种类较多，有的具备防尘功能，有的只具备防毒功效，而现场情况错综复杂，在防护用品使用时，应根据作业性质和场所环境不同综合考虑人体的防护需要，切忌盲目随意使用呼吸防护用品，以至用具不能很好地起到安全防护的作用。其次，用于防止毒物侵害的防毒面具的滤毒件有不同的型号种类，不同的滤毒件防护气体类型不同，要根据实际情况应用。在生产过程中自吸过滤式防毒面具（有全面罩和半面罩之分）是使用最为广泛的呼吸防护用品，主要由面罩主体和滤毒部件两部分组成。面罩起到密封并隔绝外部空气和保护口鼻面部的作用。滤毒件内部填充以活性炭为主要成分的材料，由于活性炭里有许多形状不同的和大小不一的孔隙，可以吸附粉尘，并在活性炭的孔隙表面，浸渍了铜、银、铬金属氧化物等化学药剂，以达到吸附毒气后与其反应，使毒气丧失毒性的作用。新型活性炭药剂采用分子级渗涂技术，能使浸渍药品分子级厚度均匀附着到载体活性炭的有效微孔内，使浸渍到活性炭有效微孔内的防毒药剂具有最佳的质量性能比。但缺点是不适用于缺氧、有毒有害物质未知、水下作业或毒物成分复杂的场所。原国家安监总局《用人单位劳动防护用品管理规范》中对呼吸防护用品的选用做了较为详细的规范，可供使用时参考（见表6-6）。

表 6 – 6　呼吸防护用品的选用

有毒物质	分类	防护要求
颗粒物	一般灰尘，如煤尘、云母尘等	过滤效率至少满足 GB 2626 规定的 KN90 防护级别的防颗粒物呼吸器
	石棉	可更换式防颗粒物半面罩或全面罩，过滤效率至少满足 GB 2626 规定的 KN95 级别的可更换式防颗粒物半面罩或全面罩的过滤效率
	矽尘、金属粉尘（如铅尘、镉尘）、砷尘、烟（如焊接烟、铸造烟）	过滤效率至少满足 GB 2626 规定的 KN95 级别的防颗粒物呼吸器
	放射性颗粒物	过滤效率至少满足 GB 2626 规定的 KN100 级别的防颗粒物呼吸器
	致癌性油性颗粒物（如焦炉烟、沥青烟等）	过滤效率至少满足 GB 2626 规定的 KP95 级别的防颗粒物呼吸器
化学气体	窒息气体	隔绝式正压呼吸器
	无机气体、有机蒸气	防毒面具 面罩类型：工作场所毒物浓度超标不大于 10 倍，使用送风或自吸过滤半面罩；工作场所毒物浓度超标不大于 100 倍，使用送风或自吸过滤全面罩；工作场所毒物浓度超标大于 100 倍，使用隔绝式或送风过滤式全面罩
	酸、碱性溶液、蒸气	防酸碱面罩、防酸碱手套、防酸碱服、防酸碱鞋

　　日常生活中，随着冬季的到来，北方很多工业化城市雾霾的出现愈发频繁。雾霾天气里，空气中有很多细小颗粒物。PM_{10} 颗粒物（指环境空气中空气动力学当量直径小于等于 $10\mu m$）我们管它叫可吸入颗粒物，吸入以后大部分被鼻毛、鼻黏膜、咽喉黏液、气管黏液挡住，一部分也可能入肺，吸多了以后可能通过咳嗽排出去。但 $PM_{2.5}$ 以下的颗粒物太细了，鼻毛等都挡不住，就直接入肺了，咳也咳不出去。PM_1 可能就直接进入人的循环系统，像血液或者淋巴系统。因此为了保障人员的健康我们也应在外出时佩戴专业防尘口罩，值得关注的是因为颗粒物太细小，普通棉质和医用口罩不能起到防护作用（普通纱布口罩：对 PM_5 以下的颗粒无阻挡作用；一次性医用口罩：只可以阻挡 PM_4 以上的颗粒），只有 KN90、

KN95 级别用于防护颗粒物，对非油性颗粒物及粉尘的过滤效率 90% 以上级别的防护口罩才能有效防护这类细颗粒物。同时，需要与脸型相符合的口罩，避免不密合引起的周围泄漏。此外，外出归来后应及时清洗面部及裸露的皮肤。防毒面具还可以搭配过滤棉使用，其防尘原理同防毒面具连接滤毒罐一样，只是过滤元件不同。目前常用的过滤棉主要有两种，一种是自带 RD40 接口的滤棉；另外一种是单片过滤棉。这种过滤棉需要搭配滤尘盒一起使用，搭配不同的滤棉起到的防尘效果也不同。有的滤棉可以防油性颗粒物，有的滤棉防非油性颗粒物，应该按需选择。

6.7 呼吸防护净化材料的测试

过滤材料有很多测试指标，一般包括过滤性能指标、物理指标、化学指标，这三类测试指标综合运用，旨在全面反映过滤材料的优劣。净化材料的过滤效能指标通常包括：过滤效率、透气性、容尘量、纤维迁移、孔径、过滤阻力（即压力损失）、阻力等。过滤效率定义为某个标准直径以上的颗粒物被过滤材料捕集的效能。"过滤效率"为过滤材料捕集的粉尘量与未经过滤材料过滤的空气中的粉尘量的比值；过滤材料纤维使通过气流绕行，产生微小通过阻力；无数细小纤维的阻力之和就是过滤材料的总阻力；过滤阻力通常是指测试过程中的过滤材料其进风口、出风口之间的压力差。过滤材料的阻力一般随着气流流速的增大而提高，通常扩展过滤材料的面积可以降低空气通过滤料的相对速度，从而降低过滤材料过滤阻力。容尘量不是过滤器失效时捕获大气粉尘的最大质量，与过滤器实际可容纳最大粉尘量没有直接关系，通常指过滤器在设定实验条件下容纳的试验粉尘的质量。因而，单独的容尘量数据对用户没有特殊意义。一般在实验条件下，当试验粉尘相同时，可根据容尘量数据来估算过滤器的使用寿命长短。透气性指标直接相关过滤材料的流量阻力。目前通用的测定方法，一般设定在固定的压力差条件下，用单位时间内通过试样单位面积的空气量表示。孔径指滤料中间隙大小，以微米为单位表示。孔径测试方法国际与国内统一，通常将滤材浸泡在实验液中，在滤材一端施加微压气体，当气体以气泡形式从滤材另一端溢出时的压力值计算溢泡点的微孔尺寸。滤材在制成过滤器后，介质脱落是使用中出现的最为严重的质量问题。介质脱落容易造成过滤效率下降，容尘量下降，还会导致有害物质泄漏，从而引发空气污染。通常测定介质脱落的方法包括：计数法、纤维镜观测法与称重法。滤材的物理性能指标一般包括：滤材的厚度、密度、伸展性、刚性、拉伸强力、顶破强力、棚裂强力以及耐磨性等。过滤材料的化学性能指标一般包括：耐酸碱性以及耐腐蚀性。滤材的其他性能指标要求一般由过滤工艺需求所决定，如热稳定性、化学稳定性、抗老化性能、耐日晒性，便于清洗并具有一定的耐洗能力，卸下滤渣，具有一定的重复使用寿命，有的尚需具有如阻燃性能、抗细菌性能、抗静电性能等特殊的材料性能。

过滤效率测试方法通常有四种，包括计重或计数法、钠焰法、油雾法。当前，国内外测试滤料过滤效率的方法各有不同，区别在于所采用的标准尘源与分散度不同。固态氯化钠或氯化钠尘、液态透平油、透平油雾、固态大气尘是国内常用的尘源。邻苯二甲酸二辛酯、石碏油、石英尘是国外（欧洲、美国、日本等）常用的尘源。通常认为，防护材料的过滤效率测试，一般根据过滤器用途、性质来确定其采用的标准尘源的种类。

参考文献

[1]李颖，张学智，杨博，等. 化学救援防护装备体系建设研究[J]. 中国应急救援，2016,56
(2)：43-46.

[2]王岩，刘妙，朱保卿. 呼吸防护用品的分类及选用[J]. 中国个体防护装备，2005,(01)：
38-41.

[3]张文芳. 防尘、防毒呼吸防护用品的正确选用[J]. 职业卫生与应急救援，2015,33(2)：
145-147.

[4]孟凡俊，袁晓华，赵立新，等. 防毒面具[J]. 中国个体防护装备，2013,117(2)：
15-17.

[5]张旭，元以栋，张重杰，等. 过滤式防毒面具使用方法[J]. 中国个体防护装备，2009,95
(4)：5-10.

[6]奈芳.ISO呼吸防护用品新标准介绍[J].劳动保护,2019,532(10):97-98.

[7]付贵生.个体防护之呼吸防护器具[J].化工劳动保护(工业卫生与职业病分册),1990,(03):134-135

[8]周锡芝.防护面罩及其材料[J].工业安全与防尘,1993,(11):11+22.

[9]赵富森.我国消防员个人防护装备产业和技术状况及未来发展方向[J].中国个体防护装备,2013,118(3):12-16.

[10]丛继信,郭振声,范春华,等.火箭煤油防毒面具的研制[J].中国安全生产科学技术,2015,11(7):167-170.

[11]彭清涛,张光友,范春华.我国液体火箭推进剂防毒面具的研究现状及发展趋势[J].中国个体防护装备,2015,131(4):25-29.

[12]姚红.呼吸器官防护用品系列——防尘口罩的选购[J].现代职业安全,2010,103(3):106-107.

[13]PAPR标准编制小组.强制性国家标准"呼吸防护用品——动力送风空气过滤式呼吸器"编制进展[J].中国个体防护装备,2011,105(2):50.

[14]姚红.我国个体呼吸防护用品的现状和发展对策[J].中国个体防护装备,2001,(04):28-30.

[15]袁晓华,李颖.GB/T 23465—2009《呼吸防护用品实用性能评价》简要[J].中国个体防护装备,2010,(04):35-36.

[16]GB/T 23465—2009,呼吸防护用品实用性能评价[S].

[17]殷依华.非织造空气过滤材料清灰性能研究[D].浙江:浙江理工大学,2016.

[18]简小平.非织造布空气过滤材料过滤性能的研究[D].上海:东华大学,2014.

[19]佘启元.对欧美国家防尘呼吸护具标准的简介、分析与讨论[J].中国个体防护装备,2001,(01):32-37.

[20]邱曼,王生,刘铁民.呼吸防护用品的人机工效学问题分析[J].中国安全科学学报,2007,(02):139-143+177.

[21]单捷.浅谈正压式空气呼吸器在炼化企业的应用[J].科技与企业,2015,(01):195.

[22]杜欣.正压式空气呼吸器供气性能对比试验研究[J].武警学院学报,2016,32(02):5-10.

[23]褚文营,邵志勇,王保江.通信空呼面罩的研究及应用[J].中国个体防护装备,2016(04):15-17.

[24]高洪泽,王勇,王永明.防毒面具滤毒罐吸附剂的发展与展望[J].武警学院学报,

2011，27(12)：13-15.

[25]冯冬云，王勇．国内外防毒面具的应用现状综述[J]．安防科技，2012(03)：30-35.

[26]王小东，王岩．新一代军用防毒面具M50[J]．中国个体防护装备，2008(2)：52-53.

[27]滕越，浦松丹，李世宇．民用口罩标准现状及发展趋势[J]．中国纤检，2020(10)：
90-92.

[28]孙业乐．中国典型地区大气颗粒物的物理化学特征及其对区域环境的影响[D]．北京：
北京师范大学，2006.

[29]张先宝，邱坚，陈诚．常用口罩$PM_{2.5}$的防护效果模拟比对[J]．环保科技．2015，21
(03)：6-8+20.

[30]李建华．融合润湿型火灾疏散防毒防烟口罩[J]．消防科学与技术，2015，34(12)：
1661-1663.

[31]马铭远，陈美玉，王丹，厍冬冬．口罩的发展现状及前景[J]．纺织科技进展，2014
(06)：7-11.

[32]陈嘉恒．壳聚糖-聚乙烯醇-聚丙烯酸吸水树脂的合成、性能及应用研究[D]．广东：
仲恺农业工程学院，2014.

[33]王岩，刘妙，朱保卿．呼吸防护用品的分类及选用[J]．中国个体防护装备，2005(01)：
38-41.

[34]李晓．典型建筑结构下火灾烟气组分生成规律的研究[D]．安徽：中国科学技术大
学，2010.

[35]籍云方．TiO纳米结构、复合及其光催化性能研究催化材料[D]．北京：北京理工大
学，2015.

[36]丁松涛．GB 2626—2006《呼吸防护用品　自吸过滤式防颗粒物呼吸器》概述[J]．中国个
体防护装备，2007(1)33-37.

[37]黎强，刘清辉，张慧，等．火灾烟气中有毒气体的体积分数分布与危害[J]．自然灾害学
报，2003，(03)：69-74.

[38]曹熙，刘慧，赵欢．改性活性炭对硫化氢吸附性能的研究[J]．低碳世界，2017，(08)：
13-14.

[39]朱华．防尘口罩结构/材料及其加工技术探讨[J]．中国安全生产科学技术．2013.9(04)：
67-71.

[40]王阳，施式亮，李润求，等．2013~2016年全国火灾事故统计分析及对策[J]．安全，
2018，39(11)：60-63.

[41]张华.消防器材装备[J].集邮博览,2008(11):23-24.

[42]甘子琼.离子色谱法在火灾烟气分析中的应用研究[A].浙江省微量元素与健康研究会、中国仪器仪表学会分析仪器分会、浙江大学.第11届全国离子色谱学术报告会论文集[C].浙江省微量元素与健康研究会、中国仪器仪表学会分析仪器分会、浙江大学:浙江省科学技术协会,2006:4.

[43]周详.响水"3·21"事故应急救援处置启示[J].劳动保护,2020(04):33-36.

第7章　呼吸防护的分类

火灾、毒气泄漏事故的发生严重危害到人民的生命健康。为了逃生自救、抢险救援、灭火战斗，呼吸防护装备应运而生。不同的场景需要不同的呼吸防护装备，因此在不同场合工作的人员需要掌握不同的呼吸防护装备的使用方式以及注意事项。

7.1　雾霾的呼吸防护

近年来，随着我国经济的高速发展，我国的空气污染问题与之前相比更为突出。现实中汽车保有量持续上升尾气排放增加、城市建筑物增多、森林绿地持续减少，并且雾霾污染的气象事件已成为全社会关注的热点问题。由于历史原因，钢铁、化工、矿石加工、煤炭等重污染行业分布过于集中，环保设备配备较少，使得中国的空气污染日益严重。其中，华北地区的空气污染尤为严重，华北地区多个城市 $PM_{2.5}$(细颗粒物)浓度严重超标。在气象条件不佳的冬春季，$PM_{2.5}$实测值常数倍于 WHO 推荐的空气质量水平，其中华北地区的污染状况最为突出。而空气污染物中的主要成分颗粒物的危害越来越被人重视。在河北南部城市(石家庄、邢台、邯郸等地)大气污染导致环境恶化已成为这些城市面临的主要气象灾害之一。重污染天气下雾霾对人体产生诸多危害，特别是呼吸系统，严重影响身体健康。

7.1.1　雾霾

我们经常提到的雾霾污染，其实是由"雾"和"霾"共同组成的，"雾"和"霾"性质不同，前者是液体，后者是固体，两者混合在一起就形式了雾霾。但是雾霾是大气悬浮颗粒物超标的笼统表述。雾是由近地面水汽凝结而成的小水珠或者冰晶，称为气溶胶系统，多出现在秋冬季节。霾的组成就复杂得多，包括了硫酸盐、硝酸盐、矿物颗粒物、海盐、有机气溶胶粒子、工业三废等，其中对人体健康有害的是直径小于 $10\mu m$ 的气溶胶粒子，这些气溶胶粒子使空气变得浑浊，能见度降低，还能够直接进入到人体的体呼吸道和肺泡中，危害呼吸系统的健康，引起急性鼻炎和急性支气管炎等病症。很多人认为 $PM_{2.5}$ 就是雾霾，将两者视为同一种物质，但是 $PM_{2.5}$ 不等同于雾霾，两者是包含关系，$PM_{2.5}$ 包含于雾霾。$PM_{2.5}$ 也称为细颗粒物，$PM_{2.5}$ 是指直径小于或等于 $2.5\mu m$，相当于是头发丝直接的 1/20。PM 是英文 Particulate Matter 颗粒物的缩写，除了 $PM_{2.5}$，还有 PM_{10}。PM_{10} 是直径小于或等于 $10\mu m$ 的颗粒物，体积是 $PM_{2.5}$ 的 64 倍。$PM_{2.5}$ 是人体肺泡的临界点，对于 $PM_{2.5}$ 以上的颗粒物，人体还可以通过鼻腔和咽喉阻挡，而直径小于 2.5 的颗粒物可以直接进入细支气管、肺泡，再由肺泡壁进入人体毛细血管，危害到整个血液循环系统。$PM_{2.5}$ 主要组成为一次和二次气溶胶，见表 7-1。

表 7-1 $PM_{2.5}$ 主要成分与来源

气体溶胶种类	一次粒子		二次粒子	
	自然	人为	自然	人为
硫酸盐	海浪飞沫	化石燃料燃烧	海洋、湿地中的物质经脱硫后形成的气体，火山喷发、森林火灾气体被氧化	化石燃料和排放的二氧化硫被氧化
硝酸盐			土壤、森林火灾、闪电产生的氮氧化合物	化石燃料燃烧和机动车排放的氮氧化物
矿物质	风蚀扬尘	铺装农林建筑施工等		
氨氮			野生动物和未受人类活动影响的土壤释放氨气	饲养动物、污水及肥沃土壤所释放的氨气
有机碳	野火	计划中的焚烧、木材燃烧、机动车排放、炊烟	植物、植被被野生物燃烧后产生的碳氢化合物被氧化	机动车排放、木材燃烧、焚烧等产生的碳氢化合物的氧化

续表

气体溶胶种类	一次粒子		二次粒子	
	自然	人为	自然	人为
元素碳	野火	机动车排放、木材燃烧、炊烟		
金属	火山喷发	化石燃料、冶炼		
生物气溶胶	病毒、细菌			

注：未填项代表污染源很小或者组成未知。

　　$PM_{2.5}$ 是雾霾的其中一个重要组成部分，两者属于包含和被包含的关系，同时也是相互促进的关系。$PM_{2.5}$ 能够促进雾霾天气的形成，雾霾天气又为 $PM_{2.5}$ 的加速聚集提供了得天独厚的有利条件。出现雾霾天气时，因为空气湿度变大，为 $PM_{2.5}$ 的形成提供了吸附和产生化学反应的场所。空气中的二氧化硫、氮氧化物等污染气体会形成更多的新的细颗粒物，这些细颗粒物的形成又促进了雾霾的生成。很多人把两者混为一谈，导致概念上的偏差。$PM_{2.5}$ 颗粒物是霾的主要构成成分，是城市雾霾的"元凶"，对人体有非常大的伤害作用。与较粗的大气颗粒物相比，$PM_{2.5}$ 粒径小、比表面积大、活性强，易附带有毒、有害物质，例如，重金属、细菌等会为疾病传播推波助澜，且在大气中的停留时间长、输送距离远，因而对人体健康和大气环境质量的影响更大。

　　2013 年中国东北雾霾事件是指起始于 2013 年 10 月 20 日，也就是哈尔滨市的年度冬季燃煤取暖系统开启的第二天，以中国东北地区哈尔滨为中心，包括吉林省、黑龙江省、辽宁省在内的地区发生的大规模雾霾污染，其中东北地区大部均被浓密的雾霾覆盖。在哈尔滨市，$PM_{2.5}$ 的日度平均值一度达到 1000mg/m^3，超出世界卫生组织安全标准 40 多倍，能见度降至 20m，机场被迫关闭，2000 多所学校停课。雾霾也导致黑龙江省境内多条高速公路被迫关闭，10 月 22～23 日，东北地区仍然被雾霾覆盖，$PM_{2.5}$ 平均浓度保持在 200mg/m^3 以上。

7.1.2　重污染雾霾对呼吸系统的损伤

　　2013 年，中国社会科学院在其发布的《气候变化绿皮书》中指出，重污染雾霾天气可使慢性病患者病情加重，使呼吸及循环系统疾病恶化，影响人体免疫系统功能，造成人体生殖功能障碍，甚至威胁胎儿发育，严重威胁人体健康。重污染雾霾中的 $PM_{2.5}$ 经人体吸入后，可直接附着或沉积于人体支气管、细支气管、终末支气管或肺泡中，长期可导致呼吸道过敏症状，肺炎、慢性阻塞性肺疾病，肺功能障碍、肺癌等疾病。国外研究显示，$PM_{2.5}$ 浓度与呼吸系统疾病发病率正相关，$PM_{2.5}$ 浓度每升高 $10mg/m^3$，因呼吸系统疾病导致的死亡风险增加 1.68%。肖纯凌等通过在大鼠气道内注入 $PM_{2.5}$ 开展实验研究，结果发现低剂量 $PM_{2.5}$ 可导致大鼠支气管上皮细胞黏液分泌明显增多，细胞粘连现象加重；中剂量 $PM_{2.5}$，可导致大鼠肺组织纤维化、肺泡腔收窄，高剂量 $PM_{2.5}$ 则导致大鼠肺泡上皮细胞坏死、肺泡塌陷，最终出现肺功能障碍。有研究者将肺炎链球菌感染模型大鼠置于高剂量 $PM_{2.5}$ 大气环境中，结果发现 $PM_{2.5}$ 高剂量暴露环境下，大鼠肺部感染导致的病理损伤加重。WHO 数据表明，当空气中 $PM_{2.5}$ 浓度上升时，患有心肺慢性疾病的人群，如慢阻肺患者，病情急性加重发生率明显增高。体外细胞培养实验表明，肺泡巨噬细胞暴露于 $PM_{2.5}$ 环境下，其吞噬能力大幅下降，巨噬细胞促炎因子、肿瘤细胞坏死因子 $-\alpha$、白细胞介素 -1β 表达增加，可能是 $PM_{2.5}$ 造成呼吸道组织细胞损伤，肺功能障碍的重要原因。

7.1.3 重污染雾霾天气的呼吸防护

虽然短时间处于雾霾天气中可能没有太大的影响，但是雾霾天气会对呼吸系统造成一定的危害，为了呼吸系统的健康应佩戴呼吸防护装备。由于雾霾天气造成的原因主要是 $PM_{2.5}$，所以选用 N95 型口罩、KN90 口罩或者防毒面具的防护效果最好。一次性医用口罩是由无纺布过滤纸与含铅炭布组成，对病毒有较好的防护，但是不能防霾。

7.2 流感病毒的呼吸防护

7.2.1 秋冬季容易患流行性感冒的原因

流感病毒的全称是流行性感冒病毒，飞沫传播是流感病毒传播的重要方式之一。因此为了防止流感病毒对我们的感染，就需要做好呼吸防护工作。流感病毒的直径虽然远小于口罩的过滤口径，但是流感病毒依附在空气中的气溶胶颗粒物上，因此为了防止流感病毒的飞沫传播就需要过滤流感病毒附着的颗粒物。流感病毒在秋冬季高发的原因是高温传播效率低，低温传播效率高和干冷的空气中有助于在空气中形成稳定的飞沫核面直径小于5mm的飞沫核能稳定的存在空气中，增大人群被感染的概率。另外流感病毒从比较湿润的环境进入呼吸道会有助于降低病毒的活性和病毒的沉降。2009年3月，在墨西哥暴发"人感染猪流感"疫情，并迅速在全球范围内蔓延。世界卫生组织（WHO）初始将此型流感称为"人感染猪流感"，后将其更名为"甲型H1N1流感"。6月11日，WHO宣布将甲型H1N1流感大流行警告级别提升为6级，全球进入流感大流行阶段。此次流感为一种新型呼吸道传染病，其病原为新甲型H1N1流感病毒株，病毒基因中包含有猪流感、禽流感和人流感三种流感病毒的基因片段。

7.2.2 流感病毒的呼吸防护

因为流感病毒附着在颗粒物上，所以为了防止流感病毒造成呼吸道感染就需要将空气中的流感病毒、传染性飞沫过滤以达到防护作用。因此，世界卫生组织和我国的医疗管理机构，对工作中存在流感病毒传染风险的医护人员建议使用N95或防护级别与之相当的防护口罩以对流感病毒进行呼吸防护。N95或者防护级别与之相当的防护口罩的价格较高，普通人难以承担，一次性口罩虽然防护效果较差，但是一次性口罩可以对飞沫以及大颗粒物进行过滤，因此佩戴一次性口罩具有一定的防护作用。

7.3 新型冠状病毒的呼吸防护

7.3.1 新型冠状病毒是什么

2019年12月份武汉爆发不明原因肺炎。经专家对病毒植株研究，将这次疫情定为新型冠状肺炎。由于病毒植株形似皇冠，与以前发现的SARS(传染性非典

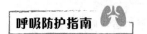

型肺炎)一样同属冠状病毒科，是冠状病毒的一种。由于此次的冠状病毒与以往相比传播更广，危害更大，且冠状病毒与以往的病毒植株存在差异，是变异的病毒，因此将该病毒称为新型冠状病毒。

7.3.2 冠状病毒的发展

2019 年新型冠状病毒是 β 属冠状病毒，是冠状病毒大家族(见图 7 – 1)可以感染人的第七种。冠状病毒最先是 1937 年从鸡身上分离出来的，病毒颗粒的直径 60 ~ 200nm，平均直径 100nm，呈球形或椭圆形，具有多形性。病毒有包膜，包膜上存在棘突，整个病毒像日冕，不同的冠状病毒的棘突有明显的差异。在冠状病毒感染细胞内有时可以见到管状的包涵体。1965 年，分离出第一株人的冠状病毒。由于在电子显微镜下可观察到其外膜上有明显的棒状粒子突起，使其形态看上去像中世纪欧洲帝王的皇冠，因此命名为"冠状病毒"。由于在 2002 年冬到 2003 年春，SARS 病毒的爆发引起肆虐全球的严重急性呼吸综合征(Severe Acute Respiratory Syndrome，SARS)，所以直到 2002 年 SARAS 病毒爆发时冠状病毒才逐渐被广大的群众重视。2019 年新型冠状病毒在武汉大规模爆发，冠状病毒又一次引起了全世界的注意。

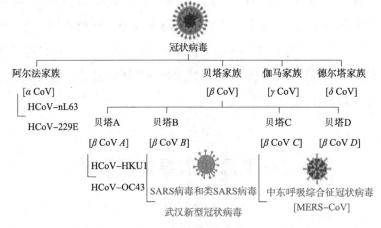

图 7 – 1　冠状病毒家族

7.3.3 新型冠状病毒的传播途径

由于冠状病毒可以通过呼吸道分泌物排出体外，经口液、喷嚏、接触传染，并通过空气飞沫传播。目前可以确定的新冠肺炎传播途径主要为直接传播、气溶胶传播和接触传播。直接传播是指患者喷嚏、咳嗽、说话的飞沫，呼出的气体近距离直接吸入导致的感染；气溶胶传播是指飞沫混合在空气中，形成气溶胶，吸入后导致感染；接触传播是指飞沫沉积在物品表面，接触污染手后，再接触口腔、鼻腔、眼睛等黏膜，导致感染。

7.3.4　新型冠状病毒的患病特征

人感染了冠状病毒后常见体征有呼吸道症状、发热、咳嗽、气促和呼吸困难等。

7.3.5　新型冠状病毒的呼吸防护

由于新型冠状病毒的传播方式有直接传播、气溶胶传播和接触传播这三种，因此为了防止感染，要做到远离人群，避免集会，平时要戴口罩防止飞沫在人与人之间互相传播。如果在感染风险较高的地区，最好佩戴 N95 或防护级别与之相当的防护口罩对冠状病毒进行呼吸防护。

7.4　工业生产及劳作呼吸防护

7.4.1　灰尘对呼吸系统的危害

1996 年，我国环保部门颁布了 GB 3095—1996《环境空气质量标准》，正式将"飘尘"变更名称为"可吸入颗粒物"，作为评估大气环境污染的重要标准物。可吸入颗粒物通常指颗粒直径在 $10\mu m$ 以下的颗粒物，也称为 PM_{10}。PM_{10} 可在大气中持续存在，影响大气能见度，被人体吸入后在呼吸道累积，造成人体损伤。可吸入颗粒物（PM_{10}）的来源有未铺布的沥青，被风吹起的扬尘，材料破碎、研磨过程中出现的尘土，机动车尾气，矿石加工等出现的粉尘等（见图 7-2）。可吸入颗粒物被人体吸入后，可累积到支气管、肺组织中，引发多种疾病。而我国为了保护各个职业的工作人员的呼吸情况制定了一系列的标准。

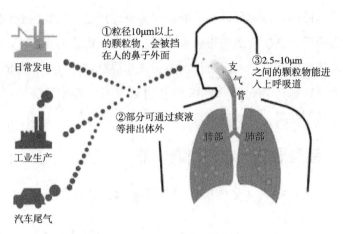

①粒径10μm以上的颗粒物，会被挡在人的鼻子外面

②2.5~10μm之间的颗粒物能进入上呼吸道

②部分可通过痰液等排出体外

日常发电

工业生产

汽车尾气

支气管

肺部　肺部

图7-2　常见可吸入颗粒物

7.4.2　工业灰尘的呼吸防护

灰尘漂浮于空气中，因此呼吸道是生产性粉尘侵入人体的主要途径。粉尘作为一种异物，当伴随着呼吸进入呼吸道后，首先会引起呼吸道一系列清除机制的反应，使大部分粉尘排出体外，其次进入下呼吸道及肺泡的过量的粉尘则可沉积在肺内引起病理反应。生产性粉尘对健康的影响就是因风尘引起的生理反应和病理反应。工业生产中的过饱和蒸汽凝结和凝聚、化学反应和液体喷雾所形成的液滴粒径一般小于10μm。生产性粉尘的致病作用主要取决于其化学性质，化学性质不同，其生物作用也不同，主要致病作用有以下几种：刺激作用、非特异性炎症反应、纤维化作用、致癌作用、粉尘沉着症。由过饱和蒸汽凝结和凝聚而成的液雾也称霾。因此面对这类工业雾尘一般情况佩戴普通的尘口罩，就可以进行防护。对于一些特定的细小灰尘，则需要佩戴更加高级的口罩。

7.4.3　有毒气体的呼吸防护

面对工业上的有毒气体则应该采用相应的防毒面具或者防毒口罩，并且在佩戴的时候还需要注意使用的时间，如果超过使用时间则需要立即更换。图7-3为常见滤毒罐的防护对象及选用的标准。

型号及规格	材质	GB 2890—2009 标色	产品图示	防护对象	防毒类型
1号(B型)滤毒罐	氧化铝	灰色		无机、有机气体或蒸气:氢氰酸、氯化氢、砷化氢、光气、双光气、氯化苦、苯、溴甲烷、二氯甲烷、路易氏气、芥子气、磷化氢	综合防毒
3号(A型)滤毒罐	氧化铝	褐色		有机气体与蒸气:苯氯气、丙酮、醇类、苯胺类、二氯甲烷、四氯化碳、三氯甲烷、溴甲烷、氯甲烷、硝基烷、氯化苦	综合防毒
4号(K型)滤毒罐	氧化铝	绿色		氨、硫化氢	单一防毒
5号(CO型)滤毒罐	氧化铝	白色		一氧化碳	单一防毒
7号(E型)滤毒罐	氧化铝	黄色		酸性气体和蒸气:二氧化硫、氯气、硫化氢、氮的氧化物、光气、磷和含氯有机农药	综合防毒
8号(B₂S型)滤毒罐	氧化铝	蓝色		硫化氢或氨	单一防毒

图 7 - 3　常用滤毒罐规格与防护对象

7.4.4　IDLH 环境中的呼吸防护

在 IDLH(立即威胁生命和健康浓度,Immediately Dangerous Healthy)环境中进行工作的人员,作业人员必须配备并使用空气呼吸器或软管面具等隔离式呼吸保护器具,严禁使用过滤式面具。在作业时必须保证氧气含量在19.5%以上,如果达不到则需要使用氧气呼吸器或者空气呼吸器。

7.4.5　低温环境中的呼吸防护

在低温环境中工作为了避免低温对作业人员的影响则需要佩戴全面罩式呼吸防护装备,且全面罩镜片应具有防雾或防霜的能力。供气式呼吸防护用品或空气呼吸器使用的压缩空气或氧气应干燥。

7.5　化学灾害事故救援及逃生的呼吸防护

我国危险化学品在生产、储存、使用、运输、废弃等环节存在发生事故的风险,同时国内仍面临化学恐怖袭击的现实威胁。特别是毒性气体、有机液体、油品等危险化学品,一旦发生事故,极易造成大量人员伤亡和重大财产损失,对周围环境、土壤、水体造成重大污染，甚至破坏生态平衡，严重影响社会稳定和国家安全。例如：2005 年吉林"11·3"双苯厂火灾爆炸事故造成跨国污染事件；2013 年吉林"6·3"宝源丰禽业有限公司氨气泄漏火灾爆炸事故造成 119 人遇难；2015 年天津"8·12"危险化学品爆炸事故造成 165 人遇难。此类事故给现场应急洗消和人员的呼吸防护带来了严峻的挑战。

7.5.1　化学灾害事故时的呼吸防护

近年来伴随着我国工业的不断发展，对化工原料的需求日益增多，伴随而来的是各种各样的化学灾害事故的多发。这些化学灾害事故不仅仅在运输的途中会发生交通事故引起危化品的泄漏，而且在存储这些化工原料时也会因为操作不规范引起化学灾害事故的发生。这些危化品的泄漏，一般都会伴随着气体的出现，会对呼吸系统造成严重的损伤，更有甚者引起人员的死亡。从天津港事故和安徽响水事故可以看出危险化学品事故会造成巨大的损失。然而在进行这类事故的救援中如果没有良好的呼吸防护装备，应急救援力量则无法进行救援和扑救行动。

7.5.2　如何进行化学灾害事故中的呼吸防护？

在确定化学灾害事故的泄漏源和有毒有害的气体后，可以使用空气呼吸器、氧气呼吸器或者根据气体的种类选择防毒面具进行防护。比如可以根据呼吸气体的种类，选择与呼吸面罩相搭配的滤毒罐来进行呼吸防护。

7.6　火灾救援及逃生的呼吸防护装备

7.6.1　火灾案例分析

近些年来发生的火灾当中，由于着火材料的多样性，火灾烟气的成分也变得复杂，烟气也变成火灾危害的主要原因。不同的烟气有不同的性质，所以对烟气的研究就显得至关重要，只有这样，我们才能更有效地做出防护，降低火灾伤亡损失。

2000 年 12 月 25 日 21 时 35 分（圣诞狂欢夜），河南省洛阳市东都商厦发生特大火灾事故，造成 309 人死亡，7 人受伤，直接财产损失 275 万元。法医鉴定结果 309 人均为吸入式窒息死亡（其中男 135 人，女 174 人）。经查，此次火灾是因为经营期间违章动火作业所致。

2004 年 "2·15" 吉林中百商厦火灾，该火灾的伤亡统计为 54 人死亡，其中窒息死亡 42 人，跳楼死亡 9 人。这个案例可以看出死伤人员大都因为窒息，因为违规的搭建、易燃物品的堆积，导致火灾的迅速蔓延和救援过程的困难，烟气的覆盖影响逃生人员的视线和呼吸，最终窒息死亡或跳楼坠落致死。由此，更能体现出在火灾中对烟气的防护多么重要。

2017 年 2 月 5 日 17 点 26 分，浙江天台县一家足浴中心发生火灾。火灾共造成 18 人死亡，18 人受伤。经查，该足浴中心 2 号汗蒸房西北角墙面的电热膜导电部分出现故障，产生局部过热，温度持续升高，引燃周围可燃物并蔓延成灾。员工和顾客自救逃生方法不当、场所采用大量的可燃易燃装修材料等诸多的原因最终酿成惨剧。

2017 年 11 月 18 日 18 时许，北京市大兴区西红门镇新建村发生火灾，火灾共造成 19 人死亡，8 人受伤。经查，火灾发生的地下一层是一处服装加工厂，火灾是埋在聚氨酯保温材料内的电气线路故障所致。

7.6.2　在火灾中佩戴呼吸防护装备的必要性

在人们的日常生活中都离不开各种各样的高分子材料。然而，随之而来的问题是，这些材料中有许多是可燃易燃物质，一旦发生火灾，极易产生大量有毒有害气体，对人员安全造成严重威胁。据统计，在火灾之中，火灾烟气含有大量有害物质，是对人员生命最严重的威胁，75% 的火灾伤亡都是因为吸入毒烟所致，呼吸防护是生命防护中的最后一道关卡，因此呼吸防护非常重要。

7.6.3　火场中的有毒有害烟气

在火灾之中，大部分可燃物属于有机化合物，它们主要由碳（C）、氢（H）、氧（O）、氮（N）、硫（S）、磷（P）等元素组成，经过燃烧或热解作用产生的燃烧产物包含气体、液体与固体三种形式，其中液体容易与固体凝结成颗粒物。火灾烟气的气体部分中包含了许多有毒有害气体，这些气体包括了有机气体和无机气体两大类，无机气体包括：一氧化碳（CO）、二氧化硫（SO_2）、氮的氧化物（NO_x）、五氧化二磷（P_2O_5）、硫化氢（H_2S）、氨气（NH_3）、氰化氢（HCN）、氯化氢（HCl）、溴化氢（HBr）、氟化氢（HF）等；有机气体包括：光气（$COCl_2$）、氟光气（COF_2）、甲醛（CH_2O）、丙烯腈（C_3H_3N）、丙烯醛（C_3H_4O）、苯酚（C_6H_6O）等。这些气体对人体具有窒息性、刺激性、腐蚀性等，其高温对人体产生影响，影响人员意识及行动能力，从而使得人员无法安全疏散造成伤亡。

7.6.4 火场呼吸防护装备

在火灾中使用的呼吸防护装备主要有两大类，第一类是针对在火场的被困人员而研发的紧急逃生呼吸器，这类紧急逃生呼吸器主要装备在各种娱乐场所和宾馆住宿场所，在火灾发生后被困人员可以迅速按照说明佩戴，为逃生争取宝贵的时间。第二类是针对消防救援人员，在火灾发生后，消防救援人员可以通过佩戴空气呼吸器或者氧气呼吸器进入火灾场所进行搜救或者进行消防作业。

另外发生火灾时，第一时间，火灾事故勘测员会进入火场调查现场周围、何处是起火点以及火势延伸方向，了解现场的有关状况。火灾现场存在很多的有毒、有害气体及浓烟，严重影响人的视线，很多有机物和高分子化学物在没有防护设备的状况下极易形成呼吸系统损伤，严重者甚至会死亡。

火灾勘查员需佩戴防毒面具或空气呼吸器进入火灾现场进行火灾事故勘查。运用何种防毒面具必须根据火场的焚烧物进行判断，如未知焚烧物成分或焚烧物太杂乱，可凭借气体检测仪进行判断，若测得毒气成分过于杂乱或浓度过高，则有必要运用阻隔式防毒面具，通常为正压式空气呼吸器。

参考文献

[1]潘飞飞. 呼吸防护 + 保障生命通道[J]. 中国个体防护装备，2015，129(2)：55 - 56.

[2]Wang Y，Ying Q，Hu J. Analysis of the transport pathways and potentials our 2012 Science of The To[J]. EnvironInt，2014，73(414)：525 - 534.

[3]易建华，吴晓芳，王丽云，等. $PM_{2.5}$对呼吸系统疾病的影响及其机制的研究进展[J]. 西

安交通大学学报(医学版)，2019，40(1)：167－172.

[4]曲鑫. 针对城市雾霾环境下的个人防护用品的设计与研究[D]. 黑龙江：齐齐哈尔大学，2016.

[5]朱彤，尚静，赵德峰. 大气复合污染及灰霾形成中非均相化学过程的作用[J]. 中国科学：化学，2010，40(12)：1731－1740.

[6]胡彬，陈瑞，徐建勋，等. 雾霾超细颗粒物的健康效应[J]. 科学通报，2015，60 (30)：2808－2823.

[7]曾敏捷. 可吸入颗粒物在人体上呼吸道中运动沉积的数值模拟[D]. 浙江：浙江大学，2005.

[8]王文巧. 慢性阻塞性肺疾病与环境空气污染的相关性研究[D]. 山东：山东大学，2014.

[9]刘鹏，张华玲，李丹. 人体飞沫室内传播的动力学特性[C]. 四川省制冷学会空调热泵专业委员会. 2015，87－91＋106.

[10]向倩，王睿. 冠状病毒感染特点与防治[J]. 中华医院感染学杂志，2003(11)：101－104.

[11]Shih H I, Wu C J, Tu Y F. Fighting COVID－19：A quick review of diagnoses, therapies, and vaccines. Biomed[J]. 2020, S2319－4170(20) 30085－8.

[12]王成福. 工业微细粉尘的危害与有效捕集研究[J]. 科技通报，2013，29(1)：185－189.

[13]耿政祥. 生产性粉尘对劳动者健康影响的研究[D]. 江苏：苏州大学，2013.

[14]姚红. GB/T 18664—2002 呼吸防护用品的选择、使用与维护[J]. 现代职业安全，2002，(11)：43－45.

第8章　个人呼吸防护的作用及弊端

据有欧美国家在过去几十年的研究发现，大气细颗粒物暴露与肺癌和心血管疾病及其死亡率增加之间具有因果关系。2013 年 10 月 17 日，隶属于世界卫生组织（WHO）的国际癌症研究机构宣布将室外空气污染列为一类致癌物，同时将室外空气污染的主要成分大气颗粒物也列为一类致癌物。在这些令人担忧的信息背后，各国政府和科学家们一直在致力于从中寻找威胁人类健康的关键"杀手"。自 20 世纪 80 年代初，美国开始进行大规模流行病学研究。多项长期流行病学观察研究发现：城市居民的发病率和死亡率与大气颗粒物浓度和颗粒物尺寸密切相关，尺寸较小的颗粒物引起较高的死亡率。

8.1　个人呼吸防护装备的作用

近年来，空气质量虽然在一定的程度上发生了好转，但是还是无法达到洁净空气的标准，依旧为呼吸系统带来了巨大的压力。尤其是在华北地区由于在冬季和春季空气质量较差，许多出行人员在外出时不得不佩戴口罩。个人呼吸装备为人们在面对空气污染物及有毒气体的时候提供了保护作用，使呼吸系统在一定程度上免受了空气污染物的伤害。也为人们在恶劣环境中逃生，争取了宝贵的时间，为逃生创造了可能性。

科研人员对个人呼吸防护装备不断进行研发，使口罩的设计与功能越来越多样化，满足了各行各业的使用要求。而且伴随着高分子材料的发展为个人呼吸装备的研发提供了越来越多的可能性。与此同时有关部门和专家开始对呼吸防护装备制定一系列的要求与标准，并要求生产厂商具有生产资格证书。

8.2　个人呼吸防护的缺点

个人呼吸防护装备虽然能带来一定的保护作用，但是由于呼吸装备的使用具有一些特定的情况，使呼吸防护装备具有以下的局限：

第一，呼吸防护装备的防护时间与使用标准都有规定，若是使用时间超过防护用品的有效时间，那么呼吸防护装备不仅不能起到防护作用甚至还会起到负面效果。因此在使用前应认真检查各连接部位是否有损坏，并进行气密性检查；要有专人负责保管，连续使用一定要做好记录，以便了解剩余有效防护时间、呼吸防护用品是否在有效期内。

第二，特定呼吸防护用品使用有比较复杂的流程，如果没有专业的培训难以使用。普通人在紧急情况下无法使用这些呼吸防护装备，会造成呼吸防护装备的浪费。比如空气呼吸器、隔离式防毒面具等专业呼吸防护装备在使用前，都需要对人员进行培训，保证装备的正确使用，以达到期望的目标。

第三，部分防护用品也存在设计不规范或者不贴合使用者的面部，会造成一定的不适。由于我国的呼吸防护装备发展的时间迟于欧美等发达国家，我国的呼吸防护装备市场很大一部分由国外制造商掌握，而我国国民的脸型与欧美国家使用者有一定的区别，造成佩戴时引起使用人员的不适。这就导致了呼吸防护用品与使用者的个体无法完全贴合面部。这种问题主要体现在空气呼吸器的过滤器材和与皮肤接触的材料存在不契合或者对皮肤有害的情况，这大大地影响了佩戴的舒适程度。

第四，呼吸防护用品的发展缓慢，难以满足现代的使用需求。在这个方面主要体现在，呼吸防护装备能在一定时间内向救援人员供气，但对于实时掌握呼吸器使用情况、呼吸器发生故障的情况、救援人员遇险、需要寻求援助的情况或者需要通知救援人员立刻从危险境地撤离的情况等，均无法实现。

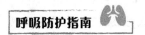
8.3 不适合使用呼吸防护用品的情况

呼吸防护用品种类繁多，作业条件和作业人员的身体状况也各不相同，确定不适合使用呼吸防护用品的禁忌症很困难，需结合各方面的实际情况加以判断。许多人虽然身体较弱，但只要能够控制作业强度，有足够的休息时间，也能够安全地使用呼吸防护用品。

患下述疾病的人通常不适合使用呼吸防护用品：

(1)中度或重度肺脏疾病；

(2)心绞痛、明显的心率不齐和近期发生的心肌梗塞；

(3)高血压征候和无法控制的高血压；

(4)幽闭恐怖症、焦虑反应；

(5)自发性气胸病史。

(6)需说明的是，在多数情况下，轻度至中度的肺功能损伤并不影响呼吸防护用品的使用。

参考文献

[1]王晓楠，李想.中美欧呼吸防护用品标准对比分析[J].轻工标准与质量，2018，158
(2)：15，29.

[2]胡彬，陈瑞，徐建勋，等.雾霾超细颗粒物的健康效应[J].科学通报，2015，60(30)：
2808-2823.

[3]吕琳.呼吸防护用品选用与个体防护措施评价[J].中国卫生工程学，2005(03)：
172-173.

[4]彭清涛，张光友，范春华.我国液体火箭推进剂防毒面具的研究现状及发展趋势[J].中
国个体防护装备，2015，131(4)：25-29.

[5]李小银，皇甫喜乐，栗丽.呼吸器的革命[J].中国个体防护装备，2011，109(6)：46.

[6]李婧辰，张梅，李镒冲.我国40岁及以上人群慢性呼吸系统疾病症状流行现况及影响因

素研究[J]. 中华流行病学杂志, 2018, 39(6): 786 - 791.

[7]李德亮, 沈坚敏. 消防员个人防护装备产品 3C 认证分析[J]. 消防技术与产品信息,
　　2018, 31(6): 71 - 75.

[8]奈芳. ISO 呼吸防护用品新标准介绍[J]. 劳动保护, 2019, 532(10): 97 - 98.

[9]姚红. GB/T 18664—2002 呼吸防护用品的选择、使用与维护[J]. 现代职业安全, 2002,
　　(11): 43 - 45.

第 9 章　常见呼吸防护装备的标准要求

9.1　呼吸防护的性能指标

呼吸防护装备是用来防御缺氧环境或空气中有毒有害物质进入人体呼吸道的防护用品。根据呼吸防护装备的种类和使用可以将呼吸防护装备的性能指标分为过滤效率(Filtration Efficiency，FE)、流体阻力(Fluid Resistance)、合成血液穿透、通气阻力、适合因数(Fit Factor)、压力差(ΔP)、密合性(Fit)几类。除了以上 7 个指标外，口罩评价指标还包括抗湿性、泄漏率、微生物指标、环氧乙烷残留量、皮肤刺激性、迟发型超敏反应等。各标准包括的指标以及各指标测试的方法有所不同，以标准文件具体内容为准。

9.1.1　过滤效率

在规定检测条件下，过滤元件滤除目标的百分比称为过滤效率，分细菌过滤效率(BFE)和颗粒过滤效率(PFE)两类，是决定医用防护口罩性能指标的根本性因素。BFE 用来衡量口罩在受到含细菌的气雾剂攻击时滤除细菌的能力。一般使用含有金黄色葡萄球菌的液滴进行测试，金黄色葡萄球菌气溶胶的平均颗粒直径(Mean Particle Size，MPS)为(3.0 ±0.3)mm。PFE 用来衡量口罩对亚微米颗粒的过滤效果，以模拟病毒过滤效果。过滤百分比越高，口罩过滤效果越好。粒径大小包括计数中位径(Count Median Diameter，CMD)和空气动力学质量中位径(Mass Median Aerodynamic Diameter，MMAD)两个指标。CMD 即将颗粒物按粒径大小排序，比其粒径大的和比其粒径小的颗粒物个数各占颗粒物总数量 50% 的粒径。

MMAD 即将颗粒物按空气动力学粒径大小排序，比其粒径大的和比其粒径小的颗粒物质量各占颗粒物总质量 50% 的粒径。一般采用氯化钠(NaCl)颗粒物作为盐性颗粒物的测试指标，NaCl 气溶胶颗粒 CMD 为(0.075±0.020)mm，MMAD 为(0.24±0.06)mm；采用邻苯二甲酸二辛酯(Dioctyl Phthalate，DOP)或性质相当的油类颗粒物(如石蜡油)作为油性和非油性颗粒物的测试指标，DOP 颗粒 CMD 为(0.185±0.020)mm，MMAD 为(0.36±0.04)mm。

9.1.2　流体阻力

流体阻力反映了医用口罩隔绝液体的能力。美国材料试验协会(American Society for Testing and Materials，ASTM)规定在 80mmHg、120mmHg 或 160mmHg 的压力下使用合成血液进行测试，以符合低、中或高流体阻力的要求。这些压力与血压相关，80mmHg 参照静脉压力，120mmHg 参照一般的动脉压力，160mmHg 参照较高的动脉压力。

9.1.3　合成血液穿透

合成血液以一定压力喷向口罩外侧面后，口罩内侧面不出现渗透的能力。

9.1.4　压力差(ΔP)

口罩两侧面进行气体交换的压力差，测量医用口罩的空气流动阻力，是对透气性的客观度量。ΔP 以 mmH_2O/cm^2 为单位测量，该值越低，则感觉口罩越透气。

9.1.5　通气阻力

口罩在规定面积和规定流量下的阻力，用压差表示，单位为 Pa。用来衡量呼吸性和透气性，通常而言，过滤效率越高，呼吸阻力越大。

9.1.6　密合性

口罩周边与具体使用者面部的密合程度。

9.1.7　适合因数

在人佩戴口罩模拟作业活动过程中，定量测量口罩外部检验剂浓度与漏入内部的浓度的比值。

9.2　呼吸防护的标准体系

目前世界上有两大呼吸防护标准体系，一个是代表北美的美国 NOISH 标准，另一个是代表欧洲大陆的欧盟 CE 标准，其余的国家要么认可上述其中的一种（或者两种标准），要么在这两种标准上做些修改或增减，或有自己国家更严格的标准要求（比如中国、日本等）。

9.2.1　美国的 NIOSH 标准

美国 NIOSH 标准对口罩的滤网材质和过滤效率进行了分级，该标准在全世界的认可度是最高的。按口罩中间层的滤网材质分为三种：N、R、P 系列，根据过滤效率每一种又可分为三个级别。N 用于可防护非油性悬浮微粒，通常非油性颗粒物指煤尘、水泥尘、酸雾、微生物等。而雾霾污染中，悬浮颗粒多是非油性的。油性颗粒物指油烟、油雾、沥青烟、炒菜产生的油烟等。R、P 用于防护非油性及含油性悬浮微粒，相比于 R 系列，P 系列使用的时间相对较长，具体使用时间根据不同制造商的标注。N95 口罩就是 N 系列中过滤效率≥95% 的一类口罩，并经佩戴者脸庞紧密度测试，确保在密贴脸部边缘状况下，空气能透过口罩进出，符合此测试的才颁发 N95 认证号码。防"非典"特殊时期，WHO 临时推荐医务人员使用美国 NIOSH 认证的 N95 口罩。N95 口罩不等于医用防护口罩，医用防护口罩规定口罩的过滤效果要达到 N95 要求，且具有表面抗湿性和血液阻隔能力。

9.2.2 美国的 ASTM F2100 标准

除了 NIOSH 标准，ASTM F2100 标准是美国的另外一个医用标准，该标准将口罩分为三个等级：低防护(Level 1)、中防护(Level 2)和高防护(Level 3)。级别越高，防护性能越好。Level 1 和 Level 2 口罩通常叫 Procedure Mask；Level 3 口罩可在手术室内使用，也叫 Surgical Mask。当接触病毒的机会较别大时，应选择级别更高的防护。ASTM 认证需要口罩在细菌过滤效率、颗粒过滤效率、合成血液穿透阻力和压力差四个方面都达到相关标准。Level 1 能阻挡95%的细菌微粒，即使只达到低防护标准，就已经足够保护一般社区使用者；Level 2 与 Level 3(中至高防护标准)则需要口罩阻挡至少98%细菌和微粒，压力差需低于 49.0 Pa/cm^2。较难在达到更佳防护力的同时维持透气性。中、高防护标准最主要的区别在于高防护(Level 3)标准对于阻挡液体能力的要求更高。医用 N95 口罩需要既满足 FDA Surgical Masks Premarket Notification[510(K)] Submissions Guidance for Industry and FDA Staff 标准，同时也要满足 NIOSH 对于 N95 口罩的要求，对合成血液穿透和表面抗湿性等进行了测试，而 FDA 该标准基本上遵循 ASTM F2100 标准。

9.2.3 欧盟认证标准

欧盟对于口罩欧洲统一(Conformite Europeenne, CE)认证的标准包括 BSEN 140、BSEN 14387、BSEN 143、BSEN 149、BSEN 136，其中 BSEN 149 使用最多，为可防护微粒的过滤式半面罩。根据测试的粒子穿透率分为 P1(FFP1)，P2(FFP2)，P3(FFP3)三个等级，FFP1 最低过滤效果≥80%，FFP2 最低过滤效果≥94%，FFP3 最低过滤效果≥97%。FFP2 口罩与医用防护口罩、KN95 口罩、N95 口罩过滤效率十分接近。医疗口罩必须遵循 BSEN 14683 标准(Medical Face-masks Requirements and Test Methods)，可以分为三个等级：最低标准 Type Ⅰ，然后是 Type Ⅱ 和 Type Ⅱ R。上一个版本是 BSEN 14683：2014，已被最新版 BSEN 14683：2019 所取代。2019 年版最主要的变化之一是压力差，Type Ⅰ、Type Ⅱ、Type Ⅱ R 压力差分别由 2014 年版的 29.4Pa/cm^2、29.4Pa/cm^2、49.0Pa/cm^2，上升至 40Pa/cm^2、40Pa/cm^2、60Pa/cm^2。

9.3 中国的呼吸防护标准体系

不同类型的口罩遵循不同的标准，不同口罩适用范围各不相同。中国口罩的几个主要标准为 GB 2626—2019《呼吸防护自吸过滤式防颗粒物呼吸器》、GB/T 32610—2016《日常防护型口罩技术规范》、YY/T 0969—2013《一次性使用医用口罩》、YY 0469—2011《医用外科口罩》、GB 19083—2010《医用防护口罩技术要求》，以下详细介绍各主要标准。

9.3.1 GB 2626—2019《呼吸防护 自吸过滤式防颗粒呼吸器》

该标准第一版为 1981 年发布（GB 2626—1981），1992、2006、2019 年分别进行过三次更新，2019 版改为《呼吸防护 自吸过滤式防颗粒物呼吸器》，不带"用品"二字。其中 GB 2626—2019 版于 2019 年 12 月 31 发布，2020 年 07 月 01 日实施，标准规定了自吸过滤式防颗粒物呼吸器的分类和标记、技术要求、检测方法和标识。该标准由国家安全生产监督管理局提出，全国个体防护装备标准化技术委员会（SAC/TC112）归口。相对于 2006 版，该标准在遵循科学性、规范性、协调性、时效性等基本原则的基础上，顺应科学进步和产品发展的趋势，在不降低防护能力的前提下调整呼吸阻力指标，完善检测方法，优化半面罩的下方视野，提高产品的舒适性。该标准过滤元件按过滤性能分为两类（KN 和 KP），KN 类只适用过滤非油性颗粒物，包括 KN90（≥90%）、KN95（≥95%）、KN100（≥99.97%）三个级别。KP 类适用于滤油性和非油性颗粒物的过滤元件，包括 KP90（≥90%）、KP95（≥95%）、KP100（≥99.97%）三个级别。KN 和 KP 后的数字，指过滤效率水平，数字越高过滤效果越好。KN 口罩未对合成血液穿透、表面抗湿性进行测试。因此，这类口罩短时间使用可以阻挡病毒，但不能用于接触可能有喷溅的患者或长时间接触患者。GB/T 32610—2016 日常防护型口罩技术规范，为民用口罩标准，该标准由中国纺织工业联合会提出，全国纺织品标准化技术委员会（SAC/ TC 209）归口。根据过滤效率分为Ⅰ级、Ⅱ级、Ⅲ级，对应的过滤效率分别为 ≥99%、≥95%、≥90%，油性介质的过滤效率分别为≥99%、≥95%、≥80%。口罩的防护效果由高到低分为 A、B、C、D 级，各级口罩适用的环境空气质量分别为严重污染、严重及以下污染、重度及以下污染、中度及以下污染。各级口罩在相对应的空气污染环境下应能降低吸入的颗粒物（PM$_{2.5}$）浓度至≤75μg/m³（空气质量指数类别良及以上）。当口罩防护效果级别为 A 级时，过滤效率应达到 II 级及以上；当口罩防护效果级别为 B、C、D 级时，过滤效率应达到 III 级及以上。

9.3.2　YY/T 0969—2013《一次性使用医用口罩》

YY/T 0969—2013 为一次性使用医用口罩的行业标准，在 2013 年 10 月 21 日发布，2014 年 10 月 1 日实施。普通医用口罩符合此标准，适用于医护人员的一般防护，仅用于普通医疗环境佩戴使用。普通级的医用口罩名称较多，医用护理、一次性医用都属于此类。名称上没有"防护""外科"字样的医用口罩，均是普通级别的医用口罩。该级别口罩的核心指标包括细菌过滤效率、通气阻力，不要求对血液具有阻隔作用，也无密合性要求。

9.3.3　YY 0469—2011《医用外科口罩技术要求》

YY 0469—2011 为医用外科口罩的行业标准，在 2011 年 12 月 31 日发布，2013 年 6 月 1 日实施。医用外科口罩行业标准第一版（YY 0469—2004）已被 2011 版所替代，适用于临床医务人员在有手术等过程中佩戴一次性口罩。在有体液、血液飞溅风险环境下常用的医用口罩的外包装上必须明确标示为医用外科口罩。该类型口罩的核心指标包括细菌过滤效率、颗粒过滤效率、合成血液穿透阻力、通气阻力，没有像医用防护口罩标准那样对面部密合度提出严格要求，对细菌的过滤效率≥95%，对颗粒的过滤效率有限（≥30%）。GB 19083—2010《医用防护口罩技术要求》于 2010 年 9 月 2 日发布，2011 年 8 月 1 日实施，第一版为 GB 19083—2003，在全国抗击 SARS 的大形势下制定，2003 年 4 月 29 日紧急发布并实施，在 SARS 前没有医用防护口罩。该标准适用于医疗工作环境下，过滤空气中的颗粒物，阻隔飞沫、血液、体液、分泌物等，包括各种传染性病毒等。该类型口罩的核心指标包括颗粒过滤效率、合成血液穿透阻力、通气阻力、表面抗湿性、密合性良好、总适合因数。医用防护口罩与佩戴者面部具有良好的贴合性，依据非油性颗粒过滤效率,医用防护口罩分为1级(≥95%)、2级(≥99%)、3级(≥99.97%)。医用防护口罩规定口罩对非油性颗粒的过滤效率≥95%,符合N95或FFP2及以上等级。我国医用口罩的防护能力由高至低依次是医用防护口罩、医用外科口罩、普通医用口罩。

9.4 呼吸防护装备的分类

按照不同的分类方式,呼吸防护装备可以分为不同的种类。按防护原理主要分为过滤式和隔绝式。过滤式呼吸防护用品是依据过滤吸收的原理,利用过滤材料滤除空气中的有毒、有害物质,将受污染空气转变为清洁空气提供给工作人员呼吸的一类呼吸防护用品,如防尘口罩、防毒口罩和过滤式防毒面具。防尘口罩主要是以纱布、无防布、超细纤维材料等为核心过滤材料的过滤式呼吸防护用品,用于滤除空气中的颗粒状有毒、有害物质,但对于有毒、有害气体和水蒸气无防护效果。其中,不含超细纤维材料的普通防尘口罩只有防护较大颗粒灰尘的作用,一般经清洗、消毒后可重复使用;含超细纤维材料的防尘口罩除可以防护较大颗粒灰尘外,还可以防护粒径更细微的各种有毒、有害气溶胶,防护能力和防护效果均优于普通防尘口罩,基于超细纤维材料本身的性质,该类口罩一般不可重复使用,多为一次性产品,或需定期更换滤棉。防毒口罩是以超细纤维材料和活性纤维等吸附材料为核心过滤材料的过滤式呼吸防护用品。其中超细纤维材料用于滤除空气中的颗粒状况物质,包括有毒有害溶胶、活性炭、活性纤维等吸附材料用于滤除有害水蒸气和气体。与防尘口罩相比,防毒口罩既可过滤空气中的大颗粒灰尘、气溶胶,同时对有害气体和水蒸气也具有一定的过滤作用。过滤式防毒面具也是以超细纤维材料和活性炭、活性炭纤维等吸附材料为核心过滤材料的过滤式呼吸防护用品。过滤式防毒面具包括滤毒罐或滤毒盒、过滤元件两部分,面具与过滤部件有的直接相连,有的通过导气管连接。与直接式防毒口罩相比,过滤式防毒面具与防毒口罩具有相近的防护功能,既能防护大颗粒灰尘、气溶胶,又能防护有毒有害水蒸气和气体。另外,从保护部位考虑,过滤式防毒面具除了可以保护呼吸器官(口、鼻)以外,还可以保护眼睛及面部皮肤免除有毒有害物质的直接伤害，且通常密合效果更好，具有更高和更安全面的防护效能。隔绝式呼吸防护用品是依据隔绝的原理，使人员呼吸器官、眼睛和面部与外界受污染空气隔绝，依靠自身携带的气源或靠导气管引入受污染环境以外的洁净空气为气源供气，保障人员正常呼吸的呼吸防护用品，也称为隔绝式防毒面具、生氧式防毒面具、长管呼吸器及潜水面具等。

9.5　口罩的分类

　　口罩指戴在口鼻部位用于过滤进出口鼻的空气，达到阻挡有害气体、粉尘、飞沫、气溶胶进出的目的。口罩可预防经飞沫、空气传播的疾病，减少患者的体液、血液等传染性物质溅入医护人员的口及鼻腔（黏膜）。口罩分为医用和非医用。不同类型口罩遵循不同的标准，适用范围也各不相同，应根据具体操作要求进行选择。我国将医用口罩分为普通医用口罩、医用外科口罩、医用防护口罩三个级别，依次遵循 YY/T 0969—2013《一次性使用医用口罩》、YY 0469—2011《医用外科口罩》、GB 19083—2010《医用防护口罩技术要求》，防护等级由低至高。普通医用口罩的核心指标包括细菌过滤效率（≥95%）、通气阻力，但不要求对血液具有阻隔作用，也无密合性要求。医用外科口罩的核心指标在普通医用口罩核心指标的基础上，增加了合成血液穿透阻力和颗粒过滤效率指标。医用防护口罩除了包括颗粒过滤效率（≥95%）、合成血液穿透阻力、通气阻力这 3 个核心指标外，还增加了表面抗湿性、密合性良好、总适合因数，对面部密合度提出严格要求。

9.5.1　口罩的防护分类

　　由于使用环境和防护对象不同，口罩需要符合相对应的标准。目前，国内常见的口罩标准根据用途主要分为三类，分别为医用防护类口罩、劳动保护/职业防护类口罩和日常防护类口罩。

9.5.2 医用防护类口罩

医用防护类口罩，其特殊检验项目主要包括抗合成血液穿透、细菌过滤效率、生物相容性(皮肤刺激性、细胞毒性、迟发型超敏反应)等，其中抗合成血液穿透用于试验模拟口罩被血液喷射后，是否会渗透。由于医用口罩应用领域为医院等场所，可能存在各种有害细菌，提出了对细菌过滤效率的考核；另外，分别从皮肤刺激性、细胞毒性、迟发型超敏反应等考核了口罩的生物相容性。GB 19083—2010《医用防护口罩技术要求》、YY 0469—2011《医用外科口罩》和YY/T 0969—2013《一次性使用医用口罩》对医用防护口罩做出了详细的介绍，并对其做出了规定。

9.5.3 劳动保护/职业防护口罩

职业防护类口罩，其特殊检验项目主要有泄漏性、气密性、死腔、可燃性等。《呼吸防护用品自吸过滤式防颗粒物呼吸器》规定了主要应用于劳动呼吸防护类产品。GB 2626—2006《呼吸防护用品自吸过滤式防颗粒特呼吸器》则适用于防护各类颗粒物的自吸过滤呼吸防护用品，不适用于防护有害气体及蒸汽和缺氧、水下、逃生、消防用呼吸防护用品。GB 2626—2006包括随弃式面罩、可更换式半面罩和全面罩，主要适用于各类职业防护、劳动保护用口罩。

9.5.4 日常防护类口罩

日常防护类口罩作为一种与人体皮肤接触的纺织产品，对耐干摩擦色牢度、耐湿摩擦色牢度、甲醛含量、pH值、可分解致癌芳香胺染料等项目进行检验考核。根据防护效果来评价产品的防护性能。GB/T 32610—2016《日常防护型口罩技术规范》则是专门针对群众日常使用的防护口罩产品。例如，防雾霾口罩(China Personal Protective Equipment)用来过滤$PM_{2.5}$等颗粒物。GB/T 32610—2016《日常防护型口罩技术规范》适用于日常生活中空气污染环境下所佩戴的口罩，即老百姓日常生活中佩戴的口罩，不适用于缺氧、水下、逃生、消防、医用、工业防尘等行业用口罩和不适用于婴童呼吸防护。在GB/T 32610—2016出台之前，没有与日常防护口罩非常一致的标准。日常防护口罩一般参照采用

GB 2626—2006 执行。随着新国家标准 GB/T 32610—2016 的发布实施，日常防护口罩将按照新标准执行。

9.6 自吸式过滤口罩

粉尘是指悬浮于空气中的固体微粒。人类日常生活和生产活动以及自然现象均会产生粉尘。粉尘粒径越小，悬浮在空气中的时间越长，越易被吸入呼吸道，对人体健康的影响越大。空气动力学规定直径≤5μm 可到达呼吸道深部和肺泡区的粉尘被称为呼吸性粉尘，其中空气动力学直径≤2.5μm 的粉尘被称为细颗粒物（$PM_{2.5}$），是雾霾形成的主要物质基础。在作业场所或生活环境中，如对粉尘发生源无法进行有效控制，则多采用自吸过滤式防尘口罩来进行个体防护，控制和减少粉尘进入人体，从而减少其对健康的危害。为减少空气中粉尘及其他物质对人体的危害，出台了 GB 2626—2006《呼吸防护用品自吸过滤式防颗粒物呼吸器》。该标准是现行强制性国家标准，适用于各类颗粒物的呼吸防护，包括各类粉尘、焊接或铸造烟尘、重金属颗粒物、放射性颗粒物、微生物及工程纳米颗粒物。通过工业产品生产许可证管理（QS）和劳动安全标志认证（LA），该标准广泛应用于各行各业，在安全生产、职业卫生法规标准体系和职业危害控制预防中，都发挥着非常重要的作用。

9.6.1 面罩分类

在作业场所或生活环境中，对粉尘发生源无法进行有效控制，故多采用自吸过滤式防尘口罩来进行个体防护，控制和减少粉尘进入人体呼吸系统，从而减少粉尘对呼吸系统的危害。目前，商品化的防尘口罩种类繁多，口罩已不仅仅是接触生产性粉尘的劳动者或特殊职业人群（如医务人员）的劳动保护用品，也成为雾霾天气普通民众的防护用品。但因选择错误的口罩、佩戴不当、假冒伪劣等问题，使口罩无法起到防护作用。根据当前市面上的口罩外观可以将口罩分为21种，从式样上主要分为折叠式（10 种）、杯形（5 种）、平板式（6 种）3 种类型，从标称功能上主要分为日常防护（6 种）、医用防护（3 种）、粉尘作业场所的劳动保护(13 种)3 种类型。

9.6.2 面罩的评价标准

自吸过滤式防颗粒物呼吸器国家标准 GB 2626—2006 在 2009 年开始正式执行，已用于国内产品的认证。在过滤效率的技术要求和检测条件方面，该标准主要采纳了美国 NIOSH 42CFR84 呼吸器标准，其中包括采取加载的措施和对油性颗粒物过滤元件合格判定的特殊要求。对于所有自吸过滤式防颗粒物呼吸器，GB 2626—2006 都采取了加载的测试方法，即当加载量达到 200mg 的过程中，过滤效率不应该小于标准规定的最低过滤效率(如 KN95 的过滤效率应不小于95%)。对于油性颗粒物过滤元件的测试，当加载量达到 200mg 时，如果效率出现下降，检测应持续到下降停止为止。GB 2626—2006 相对于 GB/T 2626—1992，在呼吸器过滤效率的技术要求和检测方法方面，都进行了较大的改变。GB 2626—2006 参照 NIOSH 根据防护对象的性质，将自吸过滤式防颗粒物呼吸器过滤元件分为非油性颗粒物的 KN 类和防油性颗粒物的 KP 类。在检测和判定方面，GB 2626—2006 也采纳了 NIOSH 标准，其中包括对不同用途的呼吸器防颗粒物过滤元件(非油性颗粒物或防油性颗粒物)采用不同性质的检测介质、引入加载测试等。不同的工作场所往往包含不同性质的颗粒物，如水泥粉尘、煤尘、沥青烟等。通常，可以将其归纳为非油性颗粒物(如水泥粉尘或煤尘等)和油性颗粒物(如沥青烟)两大类。由于它们所具有的物理性质不同，在过滤这些颗粒物时，相同的过滤材料在同等条件下所获得的过滤效果往往不同。

一般而言，油性颗粒物更难过滤。所以，要达到相同的过滤效果，过滤油性颗粒物的滤料往往需要特殊处理。基于以上原因，NIOSH 和 GB 将呼吸器防颗粒物过滤元件分为防油性颗粒物和非油性颗粒物两大类。当然，对应的检测方法也各不相同。在使用者佩戴防颗粒物呼吸器的过程中，会有颗粒物不断地被呼吸器过滤掉。也就是说，颗粒物会源源不断地加载到防颗粒物呼吸器过滤元件上。在防颗粒物呼吸器过滤元件的测试中，加载测试可以解决这个问题。加载测试是指不断地让测试对象接受一定浓度颗粒物的挑战，并在这个过程中监测测试对象的过滤效率，并以此来预测使用者在整个佩戴过程中过滤效果的一种测试方法。一般而言，用静电滤材制作的防颗粒物呼吸器过滤元件，在加载初期，会有明显的过滤效率下降。这是因为颗粒物在滤材纤维表面的覆盖会降低滤材对颗粒物的静电吸附效果。GB 2626—2006 采纳了 NIOSH 42CFR84 中关于呼吸器加载测试的要求和方法。要求对于所有自吸过滤式防颗粒物呼吸器，加载量不能小于200mg。同时，对于防油性颗粒物呼吸器过滤元件的检测，GB 采纳了 NIOSH 42CFR84 中 P 类过滤元件的检测方法，除了要求加载到200mg之外，还要求在整个加载过程中，过滤效率不能出现下降趋势。该要求可以保证防油性颗粒物呼吸器使用者在整个使用期间内，获得不低于最初使用时的过滤效率。

而 NIOSH 对防颗粒物呼吸器过滤效率的检测、判定则根据防护对象的性质及防油性颗粒物时间的长短将防颗粒物呼吸器或过滤元件分为 N、R、P 等 3 类：N 类用于防护非油性颗粒物；R 和 P 类可以用于防护非油性颗粒物和油性颗粒物（R 类过滤元件较之 P 类过滤元件有较短的使用时间限制，一般为一个工作班；P 类过滤元件的使用时间较长，一般由生产厂家做出使用时间的建议）。根据过滤效率的高低，又将防颗粒物呼吸器或过滤元件分为 95、99 和 100 等 3 个级别，即 N95/N99/N100、R95/R99/R100 和 P95/P99/P100。而在检测介质方面，采用气溶胶颗粒物或性质相当的气溶胶颗粒物作为测试介质。在样品的数量和预处理方面，NIOSH 要求检测 20 个单独产品或过滤元件，NIOSH 要求在去除最小包装后，将 P 系列样品，不需要预处理，放置在密封的容器中并在 10h 内完成检测。在检测流量方面，对于随弃式面罩或只有单一过滤元件的颗粒物防护面具而言，需要在(85 ±4)L/min 流量下进行检测，对于有多个过滤元件的颗粒物防护面具，在检测每个过滤元件过滤效率时，需要根据过滤元件的数量，相应降低检测流量。当颗粒物防护面具为双过滤元件时，检测流量需要减半，即(42.5 ±2)L/min，当颗粒物防护面具有 3 个过滤元件时，检测流量应该是 85L/min 的 1/3，也就是(28.3 ±1)L/min。在最大加载量方面，对于 P 系列产品的测试，最大加载量可以达到(415 ±5)mg(随弃式面罩或单过滤元件颗粒物防护面具)、(215 ±5)mg(双过滤元件颗粒物防护面具)和(155 ±5)mg(三过滤元件颗粒物防护面具)。在加载曲线的判定方面，对于 P 系列颗粒物防护面罩或过滤元件，NIOSH 的表述如下："通过加载测试获取测试对象最低的过滤效率或者加载持续到(200 ±5)mg 的加载量。如果当加载量达到(200 ±5)mg 并且过滤效率同时出现下降时，加载测试应持续到过滤效率停止下降为止。"

参考文献

[1] GB 19083—2003《医用防护口罩技术要求》[S].

[2] YY 0469—2004《医用外科口罩技术要求》[S].

[3] AQ 1114—2014《煤矿用自吸过滤式防尘口罩》[S].

[4] GB 2626—2006《呼吸防护用品自吸过滤式防颗粒物呼吸器》[S].

[5] 孙婷婷，孙芳，曹丽勤. GB 2626—2019《呼吸防护 自吸过滤式防颗粒物呼吸器》新标准解析[J]. 中国纤检，2020，(12)：92-94.

[6] 崔英颖，杨晓林. 呼吸防护用品提高佩戴舒适性的专利技术分析[J]. 技术与市场，2020，27(12)：27-30+33.

[7] 谢小东，郑波，郝宏强，等. 口罩生产企业产品标准技术指标比对分析[C]. 中国标准化协会. 第十七届中国标准化论坛论文集. 中国标准化协会：中国标准化协会，2020，206-212.

[8] 杨小兵，程钧，张守鑫，等. 口罩过滤效率检测用颗粒物粒径的换算和标准比对[J]. 纺织学报，2020，41(08)：152-157+171.

[9] 姚海锋，杨小兵. GB 38451—2019《呼吸防护 自给开路式压缩空气逃生呼吸器》解读[J]. 中国个体防护装备，2020(Z2)：13-16.

[10] 崔绮嫦，王静，李正海. 国内常用口罩标准评价项目分析与对比[J]. 中国纤检，2020，(07)：82-86.

[11] 李正海，王静. GB 2626《呼吸防护自吸过滤式防颗粒呼吸器》新旧标准对比[J]. 中国纤检，2020，(05)：90-93.

[12] 高华. 个体呼吸防护装备的选择与维护[J]. 中国个体防护装备，2020(Z1)：32-36.

[13] 孙双，于瀛. 浅谈呼吸防护装备中美欧三类认证[J]. 中国个体防护装备，2020，(Z1)：17-20.

[14] 杨小兵，丁松涛. GB 2626—2019《呼吸防护自吸过滤式防颗粒物呼吸器》国家标准解读[J]. 中国个体防护装备，2020，(Z1)：7-10.

[15] 李春辉，黄勋，蔡虻，等. 新冠肺炎疫情期间医疗机构不同区域工作岗位个人防护专家共识[J]. 中国感染控制杂志，2020，19(03)：199-213.

[16] 甘克勤，李爱仙，汪滨，等. 国内外口罩标准综述——N95、KN95、FFP2 口罩与标准[J]. 标准科学，2020，(03)：6-17.

[17] 左双燕，陈玉华，曾翠，等．各国口罩应用范围及相关标准介绍[J]．中国感染控制杂志，2020，19（02）：109 – 116.

[18] 杨博，杨小兵．GB/T 38228—2019《呼吸防护自给闭路式氧气逃生呼吸器》解读[J]．中国个体防护装备，2019，（Z1）：13 – 17.

[19] 奈芳．ISO 呼吸防护用品新标准介绍[J]．劳动保护，2019，（10）：97 – 98.

[20] 程钧，杨小兵，姚红，等．GB 2626—2006 标准修订系列研究　第 2 部分：降低防尘口罩呼吸阻力需从标定检测方法入手[J]．中国标准化，2018，（16）：253 – 256.

[21] 杜冰，朱勇，朱乔志，等．三种类型呼吸防护用品定量适合性检验[J]．首都公共卫生，2018，12（04）：180 – 182.

[22] 程钧，杨小兵，姚红，等．GB 2626—2006 标准修订系列研究　第 1 部分：防颗粒物呼吸器用户问卷调查结果分析及其对标准修订的影响[J]．中国标准化，2018，（14）：248 – 252.

[23] 陈微微．论中美呼吸防护用品标准对比研究[J]．现代商业，2018，（18）：188 – 189.

[24] 丁文彬，贾晓东．常见自吸过滤式口罩的防护效果综合评估[J]．环境与职业医学，2018，35（05）：428 – 433 + 446.

[25] 王晓楠，李想．中美欧呼吸防护用品标准对比分析[J]．轻工标准与质量，2018，（02）：15 + 29.

[26] 王宇霄．民用口罩呼吸阻力动态测试及性能评价方法[D]．浙江：中国计量大学，2018.

[27] 新型正压式消防氧气呼吸器[J]．消防技术与产品信息，2017，（06）：87 – 88.

[28] 杨小兵，秦挺鑫，丁松涛，等．中国呼吸防护装备"十三五"标准体系建设浅探[J]．中国标准化，2017，（05）：56 – 61.

[29] 倪冰选，张鹏．日常防护口罩新标准技术规范解读[J]．中国个体防护装备，2017，（01）：22 – 27.

[30] 任雅楠，乔琨，陈伟，等．国内口罩标准概况[J]．山东纺织经济，2015，（08）：37 – 39 + 26.

[31] 杨小兵．GB 2626—2006《呼吸防护用品自吸过滤式防颗粒物呼吸器》修订第二次会议召开[J]．中国个体防护装备，2015，（03）：51 – 52.

[32] 陈卫红，史廷明．自吸过滤式防尘口罩的适合性与防护效果研究进展[J]．公共卫生与预防医学，2014，25（06）：1 – 4.

[33] 杨小兵．GB 2626—2006 修订第一次会议简介[J]．中国个体防护装备，2014，（06）：48 + 52.

[34]蒋璐蔓. N95 过滤式防护口罩适合性及其随时间变化研究[D]. 湖北：华中科技大学，2013.

[35]周小平，姚红，杨军，等. NIOSH 对防颗粒物呼吸器过滤效率的检测、判定方法及对国家标准 GB 2626—2006 的启示[J]. 中国个体防护装备，2012，(05)：25 - 29.

[36]余艳艳，程文娟，余丹，等. 自吸过滤式防尘口罩的适合性测试及改进[J]. 中华劳动卫生职业病杂志，2012，(05)：348 - 351.

[37]张雪艳，秦汝莉，李玉珍，等. 常用防护口罩对气溶胶的防护性能研究[J]. 中国安全科学学报，2011，21(04)：132 - 136.

[38]吕琳，高星，罗伶. 有关个体防护标准与使用现状的思考[J]. 中国工业医学杂志，2010，23(01)：68 - 69.

[39]丁松涛. GB 2626—2006《呼吸防护用品 自吸过滤式防颗粒物呼吸器》概述[J]. 中国个体防护装备，2007，(01)：33 - 37.

[40]杨磊. 自吸过滤式个体呼吸防护技术关键问题的研究[D]. 上海：东华大学，2006.

[41]姚红. GB/T 18664—2002《呼吸防护用品的选择、使用与维护》简介[J]. 中国个体防护装备，2002，(04)：20 - 22.